IN THE FUTURE, YOU WILL THANK YOURSELF
FOR WORKING HARD NOW

将来的你，一定会感谢现在拼命的自己

河流　编著

吉林文史出版社
JILINWENSHICHUBANSHE

图书在版编目（CIP）数据

将来的你，一定会感谢现在拼命的自己 / 河流编著 .--
长春：吉林文史出版社，2018.9
ISBN 978-7-5472-5267-3

Ⅰ.①将… Ⅱ.①河… Ⅲ.①成功心理—青年读物
Ⅳ.① B848.4-49

中国版本图书馆 CIP 数据核字（2018）第 163172 号

JIANGLAIDENI YIDINGHUIGANXIEXIANZAIPINMINGDEZIJI

书　　名　**将来的你，一定会感谢现在拼命的自己**

編　　著　河　流
责任编辑　于　涉　高冰若
封面设计　余　微
出版发行　吉林文史出版社
地　　址　长春市人民大街 4646 号　邮编：130021
网　　址　www.jlws.com.cn
印　　刷　北京德富泰印务有限公司
开　　本　880mm×1230mm　1/32
印　　张　8.5
字　　数　190 千
版　　次　2018 年 9 月第 1 版　2018 年 9 月第 1 次印刷
书　　号　ISBN 978-7-5472-5267-3
定　　价　35.00 元

　　无论走到哪里，都该喜欢那一段时光，给它画上圆满的句号。人生会经历三次成长，第一次是发现自己不是世界的中心，第二次是发现即使再怎么努力，终究还是有些事令人无能为力，第三次是在明知道有些事可能会无能为力但还是会竭尽全力。经历了你才知道，那些折磨你的，都是激励你的动机；你才知道，生活给我们留下的伤口一定会变成我们最强壮的地方。

　　有一次和几个朋友约好去爬衡山，因为是认识十多年来第一次一起旅行，所以去的路上，每个人都很兴奋，说一定要爬到山顶，一个都不能落。一路上，每每遇到奇松或怪石，大家都像个孩子一样叽叽喳喳地讨论，拍照留念。

　　爬了大概一半的时候，每个人的热情就像是煮沸以后静置在空气里的白开水，渐渐凉了下来，到了半山腰的一个寺庙，其中一个朋友一屁股坐在地上，说什么也不爬了，另外几个连劝带拉，就这样，大家又一起上路了。大约到了三分之二的时候，一转角，我们遇到一个凉亭，亭子旁边的空地上，有一位摆摊儿卖吃食和水的老大爷。休息的空档，大家和大爷聊天，大爷说，到了这里，离山顶就不远了，说自己每天都会挑着担子上山来，一直吵着嚷着要下山的人，都不出声了。于是大家又互相鼓舞着，说一定要爬到山顶。走了一段时间，弯弯曲曲的小路不见了，出现在眼前的是整齐却一眼望不到尽头的台阶，沿着台阶爬了二十分钟，我坚持不住了，说什么也不走了，任谁说什么也不管用。这时候，一个下山路过的小伙儿说，翻过去，就是山头，山上的风沁人心脾的凉。

果然，翻过去，就是顶峰，风，也真的是沁人心脾的凉。绿色的田野，红色的房子，尽收眼底，最让人开心的是，即将落山的太阳，给一切景色都蒙上了一层神秘、安静而又温暖的黄色。朋友问我，如果刚才放弃的话，后悔吗？我说，后悔。

我想，如果说脚下的路是现在的话，也许可以将远处巍峨高山的顶峰比喻成将来，而接近这个顶峰所走的每一步，就是付出的每一种努力。当你把这种努力坚持下来，收获成功的时候，你一定会感谢过去那个拼了命也要走到最后的自己。虽然，过程是曲折的，虽然，也有想放弃的时候，但那份惊喜，千金难买，也刻骨铭心，是值得一辈子珍藏的美好记忆和宝贵经验。

如果你想实现自己的追求，就要在你的心中牢牢地记住"努力"这个可以改变你一生的词，因为只要你选对了方向，而且努力地去拼搏，那么在这个世界上就没有比脚更高的山。

当你想要放弃时，不妨想想，也许阳光就在不远的转弯处，如果此刻放弃就永远触不到成功的希望，挺住，成功源于坚持。

为自己选择的跑道去冲刺，即使有阻碍，但坚定的信念会一直伴你飞快奔跑。虽然非常辛苦，但只要有坚持下去的勇气，再深的海都可以跨越，努力奔跑，天空那一边就不再遥远。

　　龙应台曾给安德烈写过一段话，"孩子，我要求你读书用功，不是因为我要你跟别人比成绩，而是，我希望你将来会拥有选择的权利，选择有意义、有时间的工作，而不是被迫谋生。"而我们有多少人总是在碰得鼻青脸肿时才幡然悔悟，过去的自己，没有拼命的努力，可岁月不会留给我们从头再来的机会，不会让我们回到那个自己后悔没有努力的昨天。

　　如果你曾经错过了昨天，那么请不要再错过今天。过去的事，交给岁月去处理，将来的事，留给时间去证明。给自己一个机会，让自己重新开始，你的选择就是你的人生，你的决定就是你的今生。

CONTENTS

目 录

第一章

放下包袱，人生可以很阳光 // 1

第四章

常怀感恩，幸福即在当下 // 101

第六章

总有一种力量，让你泪流满面 // 191

IN THE FUTURE, YOU WILL THANK YOURSELF
FOR WORKING HARD NOW

第一章

放下包袱，人生可以很阳光

同样的夕阳，有人感受到美丽绚烂，是人间绝色美景，是一天最精彩的结束；有人则感受到夕阳无限好，只是近黄昏，带着遗憾与凄凉。

　　同样的雨中漫步，有人把它当难得的体验，感受细雨飘在脸上的诗意，享受雨中的迷蒙，那是人间浪漫的极致；有人则抱怨那是上天的折磨，破坏了出外踏青的情境，细雨变成恼人的元凶。

　　春夏秋冬，物换星移，阴晴圆缺，悲欢离合，都是人生不断面对的情境，没有人能逃避。问题是，你要用什么样的心灵的镜子，来反射外界的变化呢？

　　健康、光明、善良，都是好的答案。自己的行事作为，直道而行，无愧我心，也用同样的心情来感受世界，体悟别人的行为。这面光明、正向、健康的镜子，会像阳光一样，普照大地，引导自己走上向上之路。

喜悦能让心灵保持明亮

一个人的快乐，不是因为他拥有得多，而是因为他计较得少。舍弃也不一定是失去，而是另一种更宽阔的拥有。

很多时候，我们需要给自己的生命留下一点儿空隙，就像两车之间的安全距离——留有缓冲的余地，可以随时调整自己，进退有余。

生活的空间，须借清理挪减而留出；心灵的空间，则经思考开悟而扩展。打桥牌时，我们手中所握有的这副牌不论好坏，都要把它打到淋漓尽致；人生亦然，重要的不是发生了什么事，而是我们处理它的方法和态度。如果我们转身面向阳光，就不可能身陷在阴影里。

当我们拿花送给别人时，首先闻到花香的是我们自己；当我们抓起泥巴抛向别人时，首先弄脏的也是我们自己的手。一句温暖的话，就像往别人身上洒香水，自己也会沾到两三滴。因此，要时时心存好意。脚走好路，身行好事。

光明使我们看见许多东西，也使我们看不见许多东西。假如没有黑夜，我们便看不到闪亮的星辰。因此，即使是曾经一度使我们难以承受的痛苦磨难，也不会是完全没有价值的，它可以使我们的意志更坚定，思想更成熟。因此，当困难与挫折到来时，应平静地面对、乐观地处理。

不要在人我是非中彼此摩擦。有些话语"称"起来不重，但稍一不慎，便会重重地压到别人心上；同时，也要训练自己，不要轻易被别人的话所伤害。

你不能决定生命的长度，但你可以扩展它的宽度；你不能改变天生的容貌，但你可以时时展现笑容；你不能企望控制他人，但你可以好好掌握自己；你不能全然预知明天，但你可以充分利用今天；你不能要求事事顺利，但你可以做到事事尽心。

在生活中，首先要让自己豁达些，因为豁达的自己才不至于钻入牛角尖，也才能乐观进取。其次要让自己开朗些，因为开朗的自己才有可能把快乐带给别人，让生活中的气氛显得更加愉悦。

心情要常常保持快乐，就必须不把人与人之间的琐事当成是非；有些人常常在烦恼，就仅仅为别人一句无心的话，他却有意地接受，并堆积在心中。

一个人的快乐，不是因为他拥有得多，而是因为他计较得少。多是负担，是另一种失去；少非不足，是另一种有余；舍弃也不一定是失去，而是另一种更宽阔的拥有。

美好的生活应该是时时拥有一颗轻松自在的心，不管外在的世界如何变化，自己都能有一片清静的天地。清静不在热闹繁杂中，更不在一颗所求太多的心中，放下挂碍，开阔心胸，心里自然清静无忧。

喜悦能让心灵保持明亮，并且保持着一种永恒的宁静。我们的心念意境，如能时常保持清明开朗，则展现于周围的环境，都是美好而良善的。

不要指望赢得所有的事

有太多人信奉"胜者为王，败者为寇"的人生信念，其实输赢只不过是一种心理状态，真正的成功者大多能放下输赢，最终获取完美人生。

失言是芭芭拉经常会遇到的困境。她曾在《今天秀》的几百万观众前触犯了一些美好善良的东西。曾经有一位嘉宾谈到了阿尔伯特·史怀哲（1952 年诺贝尔和平奖获得者），芭芭拉快活地问对方史怀哲现在过得咋样，这位客人诧异地盯着她说："可是，他已经去世了。"当时，芭芭拉准备用一个老生常谈的俏皮话来弥补这个疏忽："我甚至不知道他生病了。"这句话在她的脑海里一闪而过，最后芭芭拉还是坦白地承认："我太窘了，我真是笨头笨脑。当然，我应该记得前些时候，他去世了。"

这之后，她问了下一个问题。

芭芭拉估计嘲弄的信件会像雪崩一样涌来，但事实上没有一封信提及她的这个大错误。她想大部分观众是宽容的，能谅解人的过失，或许他们也曾犯过类似的错误，或许是他们欣赏她的诚实。

有一点芭芭拉想指出：不要去欺骗，要马上承认自己做了错事。这并不丢脸，反而能赢得一些尊敬——现今能说"我错了"的人是非常难得的。

另一种可能的麻烦是社交中的辩论，芭芭拉认为一场好的辩论对辩论者和观众都是够刺激的。在《今天秀》节目中常常安排辩论。

当两个人为一个问题辩论起来，不要觉得必须让他们停下来，要观察和估计，看是否有哪一方会有伤害的举动。如果辩论热烈而不乏哲理，让他们吵去，不要参与，不要袒护哪一方。说到底，他们是一群大孩子。

如果情形恶化，演变成人身攻击和荒唐胡闹，就要马上制止。"嗨，伙计们，"可以用善良而又严厉的女教师的口吻说，"这离题太远了，你们吵得我们都受不了了，现在让我们把讨论放一边吧。"

当然，有些社交上的困境是没法补救的。不是所有问题都能够解决，有时甚至运用职业技巧也救不了驾，只能无可奈何，听之任之。前些年芭芭拉在《今天秀》上访问沃伦·贝蒂，那还是他出大名之前，但他阴沉的性格和难以对付已经出名了。芭芭拉热情地微笑，活跃地攀谈，问了他一个又一个她想了解的刺激性的问题。但他用一种接近极端反感的表情仅仅向她吐出一两个单词作为回答，毕竟，他是来节目上推销他主演的一部新片子的。芭芭拉采用了老一套但是很管用的招数："告诉我，贝蒂先生，你的新片子讲些什么？"他猛然倒在椅子上，抓挠着胸部，哈欠连天——在漫长的停顿之后，他说："现在，那真是一个非常困难的问题。"

要知道，当时正在实况转播，正面对成千上万的观众！芭芭拉确实非常为观众悲哀，她说："贝蒂先生，这是我做过的最讨厌的一次访谈。让我们忘了这件事吧，我要插播广告了。"

工作人员都拍手欢呼起来。贝蒂先生的经纪人看到他的这番表演，气得犯了心脏病。而芭芭拉也得到了一次极其重要的教训，所以她给大家有关谈话艺术的忠告就是：你不要指望赢得所有的事。

善良是颗稀有的珍珠

大文豪雨果说："善良是历史中稀有的珍珠，善良的人几乎优于伟大的人。"

苏珊是个可爱的小女孩。可是，当她念一年级的时候，医生却发现她那小小的身体里面竟长了一个肿瘤，并必须住院接受三个月的化学治疗。出院后，她显得更瘦小了，神情也不如往常那样活泼了。更可怕的是，原先她那一头美丽的金发，现在差不多都快掉光了。虽然她那蓬勃的生命力和渴望生活的信念足以与癌症和死神一争高低，她的聪明和好学也足以补上未学的功课，然而，每天顶着一颗光秃秃的脑袋到学校去上课，对于她这样一个六七岁的小女孩来说，无疑是非常残酷的事情。

老师非常理解小苏珊的痛苦。在苏珊返校上课前，她热情而郑重地在班上宣布："从下星期一开始，我们要学习认识各种各样的帽子，所有的同学都要戴着自己最喜欢的帽子到学校来，越新奇越好！"

星期一到了，离开学校三个月的苏珊第一次回到她所熟悉的教室，但是，她站在教室门口却迟迟没有进去，她担心，她犹豫，因为她戴了一顶帽子。

可是，使她感到意外的是，她的每一个同学都戴着帽子，和他们五花八门的帽子比起来，她那顶帽子显得那样普通，几乎没有引起任何人的注意。一下子，她觉得自己和别人没有什么两样，没有什么东西可以妨碍她与伙伴们自如地见面了。她轻松地笑了，笑得那样甜，笑得那样美。

日子就这样一天天过去了，现在，苏珊常常忘了自己还戴着一顶帽子。而同学们呢？似乎也忘了。

像个勇士一样，把缺点踩在脚下

世上没有完美的人，每个人都有缺点。但是成功的人像个勇士一样把缺点踩在脚下。

派蒂·威尔森在年幼时就被诊断出患有癫痫。她的父亲吉姆·威尔森习惯每天晨跑。有一天戴着牙套的派蒂兴致勃勃地对父亲说："爸，我想每天跟你一起慢跑，但我担心途中会病情发作。"

她父亲回答说："万一你发作，我也知道如何处理。我们明天就开始跑吧。"

于是十几岁的派蒂就这样与跑步结下了不解之缘。和父亲一起晨跑是她一天之中最快乐的时光。跑步期间，派蒂的病一次也没发作。几个礼拜之后，她向父亲表示了自己的心愿："爸，我想打破女子长跑的世界纪录。"

她父亲替她查吉尼斯世界纪录，发现女子长跑的最高纪录是八十英里。当时读高一的派蒂为自己定立了一个长远的目标："今年我要从橘县跑到旧金山（四百英里）；高二时，要到达俄勒冈州的波特兰（一千五百多英里）；高三时的目标在圣路易市（约两千英里）；高四则要向白宫前进（约三千英里）。"

虽然派蒂的身体状况与他人不同，但她仍然满怀热情与理想。

对她而言，癫痫只是偶尔给她带来不便的小毛病。她不因此消极畏缩，反之，她更珍惜自己已经拥有的。

高一时，派蒂穿着上面写着"我爱癫痫"的衬衫，一路跑到了旧金山。她父亲陪她跑完了全程，做护士的母亲则开着旅行拖车尾随其后，照料父女两人。

高二时，她身后的支持者换成了班上的同学。他们拿着巨幅的海报为她加油打气，海报上写着："派蒂，向前跑！"（这句话后来也成为她自传的书名）。但在这段前往波特兰的路上，她扭伤了脚踝。医生劝告她立刻中止跑步："你的脚踝必须上石膏，否则会造成永久的伤害。"

她回答："医生，你不了解，跑步不是我一时的兴趣，而是我一辈子的至爱。我跑步不单是为了自己，同时也是要向所有人证明，身有残缺的人照样能跑马拉松。有什么方法能让我跑完这段路？"医生表示可以用粘剂先将受损处接合，而不用上石膏，但他警告说，这样会起水泡，到时会疼痛难忍。派蒂二话没说便点头答应了。

派蒂终于来到波特兰，俄勒冈州州长还陪她跑完最后一英里。一面写着红字的横幅早在终点等着她："超级长跑女将派蒂·威尔森在十七岁生日这天创造了辉煌的纪录。"

高中的最后一年，派蒂花了四个月的时间，由西岸长征到东岸，最后抵达华盛顿，并接受总统的召见。她告诉总统："我想让其他人知道，癫痫患者与一般人无异，也能过正常的生活。"

世上没有完美的人，每一个人都有一定的缺点。但是成功的人无外乎用两种方法来避免缺点带来的障碍。其一，战胜缺点，像一个勇士一样把缺点踩在脚下；其二，扬长避短，这种方法非常聪明。两种方法无所谓谁优谁劣，总之一点，它们都能给人们带来成功。

冲破那条界限，你可能就是成功者

成功和失败，往往取决于你能否在一念之间咬咬牙。

曼克斯是一个汽车推销商的儿子，是一个典型的美国孩子。他活泼、健康，热衷于篮球、网球、棒球等运动，是中学里一个众所周知的优秀学生。后来曼克斯应征入伍，在一次军事行动中他所在部队被派遣驻守一个山头。激战中，突然一颗炸弹飞入他们的阵地，眼看即将爆炸，他果断地扑向炸弹，试图将它扔开。可是炸弹却爆炸了，他重重地摔倒在地上，右腿和右手全部被炸掉，左腿变得血肉模糊，也必须截掉了。那一瞬他想哭，却哭不出来，因为弹片穿过了他的喉咙。人们都以为曼克斯无法生还，他却奇迹般地活了下来。

是什么力量使他活了下来？是格言的力量。在生命垂危的时候，他反复默念贤人先哲的这句格言："如果你懂得苦难磨炼出坚韧，坚韧孕育出骨气，骨气萌发不懈的希望，那么苦难会最终给你带来幸福。"曼克斯一次又一次默念着这段话，心中始终保持着不灭的希望。然而，对于一个三截肢（双腿、右臂）的年轻人来说，这个打击实在太大了！在深深的绝望中，他又看到了一句先哲格言："当你被命运击倒在最底层之后，能再高高跃起就是成功。"

回国后，他投身于政治活动。他先在佐治亚州议会中工作了两届。然后，他竞选副州长失败。这是一次沉重的打击，但他用这样一句格言鼓励自己："经验不等于经历，经验是一个人经历之后所获得的感受。"这促使他更自觉地去尝试。紧接着，他学会驾驶一辆特制的汽车并跑遍美国，发动了一场支持退伍军人的运动。那一年，总统命他担任全国复员军人委员会负责人，那时他34岁，是在这个机构中担任此职务最年轻的一个人。曼克斯卸任后，回到自己的家乡。1982年，他被选为佐治亚州议会议长，1986年再次当选。

今天，曼克斯已成为亚特兰大城一个传奇式人物。人们可以经常在篮球场上看到他摇着轮椅打篮球，他经常邀请年轻人与他进行投篮比赛。他曾经用左手一连投进了18个空心篮。引用一句格言说："你必须知道，人们是以你自己看待自己的方式来看你的。你对自己自怜，人家则会报以怜悯；你充满自信，人们会待以敬畏；你自暴自弃，多数人就会嗤之以鼻。"一个只剩一条手臂的人能成为一名州议会议长，能被总统赏识并担任一个全国机构的要职，是这些格言给了他力量。同时，他的成功也成了这些格言的有力佐证。

英国诗人雪莱说："除了变化，一切都不会长久。"有些人宁可在困境中沉沦，也不期冀在改变中挣扎。他们害怕林荫小路后是万丈悬崖，而不敢去采撷那份芳菲；害怕改变是更大痛苦的序言，而不敢走出熟悉的圈子。正如司汤达所言："一个真正的天才，绝不遵循常人的思想途径。"当众人在困境中负隅抗争时，你是否看到困境外的那缕阳光呢？成功也许就这么简单。

有时成功很简单，跨越那条界限，你就属于成功一族。还未跨越界限的人，无论你和那条界限的距离有多么近，你也属于一个失败者。如果你现在身处困境，那就发挥你的全部能量吧，冲破那条界限，你可能就是成功者。

控制了自己，也就控制了自己的世界

从某种意义上看，人是通过控制自己，才控制了自己的世界。

有一名矿工在塌方的矿井下待了 8 天后被人们救了上来。与他一同被困的 5 个同伴都没有他的处境艰难，却都没有生存下来。

其实这名生还的矿工并不知道自己在矿井里待了多久。他后来回忆说，当时发现塌方，心中十分慌乱、绝望，但他很快控制住情绪，安慰自己说："不要紧，井上面的人肯定会下来救我们。"正好那天他很累，就躺在木板上睡着了。醒来后，他在坑道里来回走动，仔细听有没有外面传来的声音。

这样的情形不知持续了多长时间，除了水滴声，坑道里静得出奇。他害怕时，就唱歌给自己听，然后给自己鼓掌喝彩，然后他就笑了，觉得挺好玩的。唱累了，他又躺在木板上睡觉，幻想着他喜欢的女子、爱吃的食物，希望能在梦中看见这些。

再次醒来时，他又竖起耳朵听，渐渐地，一些声音出现了，他高兴地向发出声音的地方跑去，大喊大叫，希望引起注意。但是，这些声音有点儿怪，只要他发出什么声音，那边很快就能出现同样的声音，原来是回声。时而恐惧，时而平静，时而绝望，时而欣慰……他一直在与自己的内心作斗争。为了控制住自己的情绪，他想方设法，除了唱歌、讲故事、幻想美好的食物，他还坚持在坑道里玩射击游戏——将一片木板插在壁上，然后在黑暗中向它扔煤块，如果听到"啪"的一声，就是打中了。他规定自己只有打中 100 次才允许睡觉。

他不知道多长时间没吃饭了，口袋里有个拳头大的糯米团是他的寄托。他每次都是数着米粒吃，获救前已经吃了367粒。他在回忆时说："坑道里有水，口袋里有糯米团，更重要的是，我坚信人们会来救我，我绝不能害怕，绝不能发疯，绝不能自杀，我一定要控制住自己……"

他是在梦中听见响动的，然后他就看见洞口射进刺眼的光芒。他紧紧地捂住眼睛，但仍然感觉光是那么强。当他确信自己得救时，身体一下子就软了下来。

矿工以他绝境求生的事迹告诉我们，当我们身处困境时，仅仅依靠外界的救助是远远不够的，最重要的是我们的自救。我们虽无法控制灾难，但我们能控制自己；我们虽无法预料事情的开始，却能控制事态的结束。

不断给自己的生活画出新的起跑线

勇敢地面对逆境和超越痛苦：为自己绘制一幅充满朝气和活力的蓝图，不要害怕别人的怨恨和嘲笑，尽量对自己宽容——这是最重要也是最费力气的了，应该在自己身上下大功夫。

杰克逊是一位非常博学聪慧的老作家，现在和夫人住在佛蒙特州科斯林附近的农场里，过着隐居的生活。在一个晴朗的晚冬日子，整个农场为覆盖着白雪的田野和树林所环绕，戴维专程去那儿拜访了他。

埃德加·N·杰克逊这位"心灵的医生"，他多年的写作和教学曾帮助过许许多多身处逆境的人们，现在正不得不用自己的智慧滋养着自己——前些日子，老人因意外地受到了重物的撞击，身体的右半侧失去了知觉，甚至丧失了说话能力。医生预测情况是很不乐观的，他们告诉他的夫人：看来想恢复说话能力是不可能的了。可是几个星期后，老人不仅又能进行交谈了，而且还决心要获得更多的才能。

埃德加拄着手杖，步履缓慢地起身迎接戴维，但眼神中流露着清晰可辨的朝气和活力。他们一起走进书房，只见一大堆新的、旧的书籍排列在书桌周围，桌上除了大量的资料、杂志，还端放着一台文字信息处理机。

得知他的书能对戴维有所帮助，他显得有些兴奋。戴维告诉他，失败的旋涡实际上仍然使自己感到悔恨和悲痛，甚至无力自拔。

"现在你需要的就是痛心疾首地反省自己的失败，学会从悔恨和悲伤中寻找安慰。"他接着劝诫戴维，"一些人不因悔恨而醒悟，因此无法得到安慰；但是那些真正懂得悲痛的人，就能获得新的灵感和更加充实的信念"。

"我给你看一样东西。"他指向窗外远处光秃秃的糖槭树，那些糖槭树是环绕着那片三英亩的牧场栽种的。他们从边门走出去，踩着嘎吱嘎吱作响的积雪，慢慢走向牧场。

戴维注意到，在每一棵大树之间都有绞扎在一起、锈迹斑斑的、带着铁刺的铁刺网串接着。埃德加告诉戴维："60年前，这家主人种下了这些树，用来拉铁丝网当作圈围牧场的栅栏，这样就省得挖坑埋桩了。可是，把铁丝网钉进幼嫩的树皮里，确是对那些小树的极大不幸。一些树进行反抗，一些树也就接受了。你看这儿，铁丝网已经长进树里去了。"

他又指向一棵因铁丝的伤害已严重畸形的老树，"为什么那棵树用损伤自己来反抗，这棵树却接受了铁丝网而不是牺牲自己？"近旁的这棵树丝毫没有那种长长的，看了令人作痛的疤痕；相反，铁丝网就像铁钻一样从树干的一头嵌入，又从另一端出现。

"这片老树使我想得很多，"回来的路上埃德加对戴维说，"是内在的力量使老树能够克服铁丝网的损伤，它们不愿让铁丝网葬送掉自己的余生！那么一个人又怎样变不幸和悲痛为再生的力量，而不是让它成为自己生活的障碍呢？"

进屋时，他望着那片糖槭树深沉地说："如果我们能理智地驾驭不幸，如果我们能彻底地反省自己的过失，铁丝网就不会得胜，我们就能够克服任何不幸，我们就能够成功地生活下去。"

喝着夫人端来的咖啡，埃德加欣慰地告诉戴维："我不断地给我的生活画出一条新的起跑线，获取新的知识、新的友谊、新的体验。"他兴奋地注视着那台新的文字信息处理机和许多新书。他自己也正在奋斗！虽然半身不遂还时常困扰着他，但他没有让步。

幸福，并非遥不可及

唯有爱，使我们懂得施予与获得，让我们忘却自己，沉浸在另一个生命之中。

初为人母的姐姐写信告诉我，牙牙学语的外甥女已经懂得把别人送给她的果冻先递给她："妈……妈……吃！"姐姐感慨：成长中的女儿已经能从给予中体验快乐，这份幼稚的爱让她激动不已。薄薄的信笺上也因此处处洋溢着她的幸福与满足，我也为姐姐的这种幸福而感到幸福。

人生在世，谁都渴望幸福，但关于幸福，即使是同一个人在不同的人生阶段都有不同的认识和理解。在所有的人生体验中，幸福可能是最无确定指向和定义的。提起幸福，我们总会想起那个海边晒太阳的渔夫与富翁答问的故事。这个故事的意义不言而喻：幸福与幸福之外的一切无关。幸福是一种感觉，是一种心灵的愉悦，是惬意的感受和状态。锦衣华服、钟鸣鼎食的人，未见得幸福；粗衣布履、粗茶淡饭的人，未见得不幸福。那些我们以为活得很卑微的人，未必不幸福。五星级宾馆里的成功人士与宾馆外墙边乞讨的盲丐，他们感受幸福的权利是平等的。没有贵贱、不分等级，不同阶层的人们都平等地沐浴着幸福的光华。

而且在很多时候，幸福并不像我们想象中那么遥不可及。一个美丽的懒觉；一个健康的身体和心态；晚风中年轻的母亲回头看后车座上已经睡着了的婴孩，轻轻地喊着他的名字；男友在呼机上的留言："秋凉如水，注意加衣"；推掉无谓的应酬，蜷在沙发里看一本刚买的书……这些都可以成为我们幸福感觉的源头。因为幸福和物质无关，所以不必去等待什么，你随时都可以启程，去赴这个美好的邀约，创造一个幸福的理由，给自己一份幸福的感受。

幸福和爱相伴相生，幸福的获得离不开爱的施予，爱则源自对幸福的认同和追求。爱是生命对生命的惠泽，亲情之爱、友情之爱、爱情之爱、同胞之爱，世间万千的爱，汇成了不息的生命之河。而每个人的生命之河都奔流在他人乃至整个世界构成的基石之上，这样一种你中有我、我中有你、相辅相成的关系赋予我们的生命以意义，使我们的生命之河得以洪波涌动。

罗曼·罗兰在《约翰·克利斯朵夫》中这样写道："幸福是一种灵魂的香味。"这是我在所有关于幸福的描述中读到的最具诗意情怀的，也是留给我印象最深的一种说法。灵魂散发着香味，多么美妙！

给予中获得，爱人者被爱。唯有爱，使我们懂得给予与获得，让我们忘却自己，沉浸在另一个生命之中，领略幸福的真谛，沐浴灵魂的芳香。唯有爱，才能让我们的心灵花园花团锦簇，馨香久远。

微不足道的小事，有时会影响你的心情

有时候，所有的抑郁和不快就源于这些十分细小看似微不足道的事情。

在我女儿6岁的时候，某一天她烦躁不安地进来；她不想吃零食，不想和小朋友玩，也不想看书了。最后我抱起她问她怎么啦，有什么不对头吗？

"没有。"她说，垂头看着地毯。

我试着去弄清楚究竟是什么使得这个通常都很快活的小女孩变得如此郁闷。

"是彼得这家伙又欺负你了？"我探询地问。

"不，爸爸。我只是觉得不好过。"

我随着她的视线移向地板，注意到她脚上的便鞋，在外面玩了一天以后鞋已经很脏了，鞋带也松开了。我们一起坐了很长一段时间。"你的鞋带没有系好。"最后我打破了沉寂。

"是的，我不断地被它绊倒。"

我把她放到沙发上，然后蹲在她面前。我细心地重新替她系紧了鞋带。

当我重新抬头注视她的时候，她坐在那里看着我，脸上呈现出欣喜的表情。“感觉好一点了吗？”我问。

“很好，爸爸——真的很好”。

我知道这种感觉。我们无须花费很多的口舌来谈论诸如怎样生活以及影响孩子们成长的一些重要方面等等。事实上，影响一个人愉快心境的基本因素，通常来自一些细枝末节，比如我们趿着一双鞋带不紧的鞋散了一天的步，或者在我们的鞋中钻进了一粒小沙砾，又或者我们拖着一双漏水的鞋穿过一大片打湿的草地。有时候，所有的抑郁和不快就源于这些十分细小看似微不足道的事情：一些简单却有待调整和引起注意的细节。

世上没有绝望的处境，只有对处境绝望的人

永远没有人，可以击退一个刚强坚毅的态度。在任何特定的环境中，人们还有一种最后的自由，就是选择自己的态度。

维克托·弗兰克什么也没有，只因为他是犹太人，就被投入了纳粹德国的集中营。

他被转送到各个集中营，甚至被囚禁在奥斯威辛数月之久。弗兰克博士说他学会了生存之道，那就是每天刮胡子。不管你身体多衰弱，就算必须用一片破玻璃当作剃刀，也得保持这项习惯。因为每个早晨当囚犯列队接受检查时，那些生病不能工作的人就会被挑出来，送入毒气房。

假如你刮了胡子，看来脸色红润，你逃过一劫的机会便大为增加。

他们的身体在每天两片面包和三碗稀麦片粥供应之下日趋衰弱。9 个男人挤睡在宽 3 米的旧木板上，两条毡子覆盖。半夜三时，尖锐的哨声便会叫醒他们起来工作。

一天早上，他们列队出去在结冰的地上铺设铁路枕木，同行的卫兵不停叱喝，更用枪托驱赶他们。脚痛的人就靠在同伴的手臂上。弗兰克身旁的男人在竖起的衣领后低声说："妻子若是看见我们的模样不晓得有何感想！我真希望她们在她们的营中过得好些，完全不知道我们的光景。"

后来，弗兰克写着："这使我想起自己的妻子。我们颠簸着前行，路程有数公里之遥，我们跌倒在冰上，彼此搀扶，手拉手往前。我们没有交谈，但心里都明白，我们都惦记着自己的妻子。"

"我偶尔抬头看天上，星光已逐渐熹微，淡红色的晨光开始从一片黑暗的云后乍现。我心中始终记挂着妻子的形影，刻骨铭心地想着她。我几乎听到她的回答，看见她的微笑，那爽朗和鼓励的表情。忽然有一个意念出现在我的脑海里，我一生中首次领会到许多诗人在诗歌中所表达的，也是许多思想家最终所陈述的真理，就是——爱是人类所能热望的最终极目标。我抓住了人类诗歌、思想与信仰所传递的最大奥秘，人类的救星乃在爱中，借着爱得以实现。"

他每天都在积极思考，用什么样的办法能逃出去。他请教同室的伙伴，伙伴嘲笑他：来到这个地方，从来就没人想过能活着出去。还是老老实实干活吧，也许能多活几天。可维克托不是这样想的，他想到的是家有老母妻儿，自己一定要活着出去。

积极的思考终于给他带来了机会。一次，在野外干活，趁着黄昏收工时刻，他钻进了大卡车底下，把衣服脱光，趁人不注意，悄悄地爬到了附近不远处的一堆赤裸死尸上。刺鼻难闻的气味，蚊虫叮咬，他全然不顾，一动不动地装死。直到深夜，他确信无人，才爬起来光着身子一口气跑了 70 公里。这正是，世上没有绝望的处境，只有对处境绝望的人。这位幸存者后来对人们说："在任何特定的环境中，人们还有一种最后的自由，就是选择自己的态度。"

失去了，会以一种更美好的方式归来

当你想要放弃时，不妨想想，也许阳光就在转弯的不远处，如果此刻放弃就永远触不到成功的希望。挺住，成功源于坚持。

罗根·皮尔索·史密斯将许多哲理融于一句话当中，他说："在我们的生命当中，有两件事是我们所要追求的：第一件事就是努力去得到你想要的，第二件事则是如何在得到之后好好地去享受它。但是，只有最聪明的人做到了后者。"

你想不想知道，即使在厨房的洗碗槽内，也会有令人心情激荡的情景发生？如果你想的话，我建议你去看一本谈论令人不可思议的勇气以及给人精神鼓励的著作，书名叫作《我要看》，是由包希尔·戴尔所写的。

这本书是由一位眼睛几乎可算是完全失明的妇人所写的，她的眼睛处在这种状况已有半个世纪之久了。她在书中写道："我只有一只眼睛，而且还被严重的外伤给遮住了，仅仅在眼睛的左方留有一个小孔，所以每当我要看书的时候，我必须把书拿起来靠在脸上，并且用力扭转我的眼珠从左方的洞孔向外看。"

　　但是，她拒绝别人的同情，也不希望别人认为她与一般人有什么不一样。当她还是一个小孩子的时候，她想要和其他的小孩子一起玩踢石子的游戏，但是她的眼睛却看不到地上所画的标记，因此无法加入他们，于是，她就等到其他的小孩子都回家去了之后，趴在他们玩耍的场地上，沿着地上所画的标记，用她的眼睛贴着它们看，并且，把场地上所有相关的事物都默记在心里，之后不久，她就变成踢石子游戏的高手了。

　　她一般都是在家里读书的，首先，她先将书本拿去放大影印，之后，再用手将它们拿到眼睛前面，并且几乎是贴到眼睛的距离，以致她的睫毛都碰到了书本。就是在这种条件下，她还获得了两个学位，一个是明尼苏达大学的美术学士，另一个是哥伦比亚大学的美术硕士。

　　在她得到学位之后，便开始在明尼苏达州双生谷的一个小村庄里当教员，后来升为南达科塔州苏瀑城奥古斯塔学院新闻学与文学的副教授，她在那里教了十三年书，其间，她经常在妇女俱乐部演讲，以及在广播电台介绍文学著作与作家。她继续写着："在我内心深处，一直存在一种害怕面对黑暗的恐惧心理，为了要克服它，我就用愉快的，而且是几近欢闹的心情，去过我自己的生活。"到了1943年，那时她已五十二岁了，也就在那个时候奇迹发生了，她在玛亚诊所动了一次眼部手术，没想到却使她的眼睛能够看到比原先所能看到的远四十倍的距离。尤其是当她在厨房做事的时候，她发现，即使在洗碗槽内清洗碗碟，也会有令人心情激荡的情景出现。她又继续写着："当我在洗碗的时候，我一面洗一面玩弄着白色绒毛似的肥皂水，我用手在里面搅动，然后用手捧起了一堆细小的肥皂泡泡，把它们拿得高高地对着光看，在那些小小的泡泡里面，我看到了鲜艳夺目、好似彩虹般的色彩。"

当她从洗碗槽上方的窗户向外看的时候，她还看到了一群灰黑色的麻雀，正在下着大雪的空中飞翔。她发现自己在观赏肥皂泡泡与麻雀时的心情，是那么的愉快与忘我。因此，她在书的结语中写道："我轻声地对自己说，亲爱的上帝，我们的天父，感谢你，非常非常的感谢你！让我们来感谢上帝的恩赐，因为他在让你失去的同时，会让你得到更美好的东西。"

努力，一定能带来真正有价值的东西

为自己选择的跑道去冲刺，即使有阻碍，但坚定的信念会一直伴你飞快奔跑。虽然非常辛苦，但只要有坚持下去的勇气，再高的山，再深的海都可以跨越，努力奔跑，天空那一边就不再遥远。

著名的松下电器创始人松下幸之助，就是一个认准了目标能果断选择的人。1910 年 10 月，松下幸之助进入一家电灯股份有限公司，担任一名安装室内电线的练习工。他 7 年后辞职，自己开设工厂，制造电灯灯头，由此一发不可收拾，终于发展成为日本乃至全世界第一流的家庭电器用品制造厂家。对于出身贫寒的松下幸之助来说，是怎样"白手起家"的呢？

日本明治维新以后，欧美各国新的交通工具与先进技术逐渐输入日本。电车是其中令人注目的交通工具。松下喜好预测、推想和分析，他认为各线电车一旦完成通车，自行车的需要就会减少，将来这种行业不容乐观。相反，与电车相关的电气事业因为能满足人们的迫切需要，日后一定能兴盛起来。

由于具有敏锐性，具有对事物的先见之明，就能不被过去的事物所羁绊，就能随时随地表现出决断能力来。这是松下幸之助成功的重要因素之一。

松下毅然辞去了在人人羡慕的五代自行车店的工作，来到大阪电灯公司当了一名内线见习工。尽管对电的知识一窍不通，但由于喜欢，学起来得心应手。松下很快便掌握了安装和处理技术，并成为熟练的独立技工。由于工作出色，1911年，松下晋升为工程负责人。

在工作中，松下改良了一种新式产品，而上司却对此付之一笑。松下为自己的发明遭到冷遇感到惋惜和不服，精神上也受到了打击，产生了挫折感。他感到，即使在自己向往的电灯公司工作，也不能使自己的志向和才能得到充分施展。唯一的办法是另立门户，自己创业。于是他在大阪市的一个地方租了一间不足10平方米的房间，开办了一家小作坊，职工共有5人，包括松下夫妇及内弟植岁男，产品便是松下发明的新式电灯插口。这就是闻名全球的松下电器公司的最初模样。

小工厂成立后，等待松下的不是开市大吉而是失败。1917年10月，电灯插口制作成功。但10天内仅卖出100个，营业额不足10日元，不仅没有盈利，连老本也赔光了。妻子只得把衣物送进当铺度日。

松下并没有被眼前的困难吓倒，因为他相信，自己的努力一定能带来真正有价值的东西。同年底，机会来了，电气电风扇公司让松下替其试制 100 个电风扇绝缘底盘。这对困境中的松下来说，恰如旱苗得雨。松下反复试验，解决了技术难题，与妻子、内弟一起日夜奋战，在年关迫近时如期交了货，且质量博得好评。结果，松下在年底获得了 800 日元的盈利。

1918 年 3 月，松下幸之助在大阪市北区西野田成立松下电气器具制作所，从而开始了他成功的创业生涯。经过几十年的艰苦经营，松下终于使自己的企业成为以生产电子产品为主的国际性的庞大企业集团。公司规模在日本仅次于丰田与日立两个公司，拥有职工 119 万人，资产达 497 亿美元，在世界 500 家大企业中，排名第 17 位。松下幸之助也实现了从白手起家到蝉联"日本最高额纳税人"几十年的人生逆袭。

在笑声中寻找欢乐

只要能让自己知足常乐，并在笑声中寻找到欢乐，那么，在任何情况下，生活都是美好的。

比尔和珀尔是一对特殊的夫妻，他们都非常了解生活的残酷，不熟悉他们的人，绝想不到他们经历过怎样艰难的生活。下面是他们的朋友讲述的他们的故事。

比尔是一个平和、谦逊的人，他一心一意地对待他深爱的珀尔。珀尔是个乐观开朗的人，所有认识她的人都喜欢她。她热爱生活，知足常乐，一如既往地履行她平常挂在嘴边的那句话——"笑是灵丹妙药。"她的笑声一定是有感染性的，对这一点，我深信不疑。

每当我负责一项娱乐节目或表演的时候，我都会建议珀尔坐到离舞台不远的前排座位上。无论娱乐节目是什么内容，只要需要笑声，珀尔都能保证节目非常成功：她的快乐会渗透到观众中去，不但能够使笑声不断，而且能使每个人，包括表演者，全都感到非常愉快。

在我们认识比尔和珀尔几年之后，他们经历了一次巨大的财政危机，使得他们失去了自己的农场。

他们两人从未对自己的境况有过任何怨言。他们的身体都不是很好，我们非常担心这次打击会对他们产生什么影响。当我和丈夫洛林去看望他们，看看有什么能够帮助他们的时候，比尔说："目前的情况就是这样，我们必须勇敢面对。我认为我们现在应该做的就是把我们的东西全部打包。"

洛林问："你的机器怎么样了？"他已经决定要帮助这对夫妇，但想掩饰自己对他们遭遇的同情。

对这个问题，比尔的回答是："哦，既然农场已经不是我们的了，机器对我们也就没有用了，因此我们可以把它留给接管这里的年轻人，他会需要的。"比尔从未想过要卖掉机器，他首先想到的是有人会需要它。

有一天，我去帮珀尔打包，地上到处都是箱子以及成堆的需要丢弃、打包、保存和捐献出去的东西。在忙着打包的时候，我想起他们的境遇，难过得就快要落泪了。一想到我的朋友不得不放弃他们一生奋斗的成果，我就悲从中来，他们都已经这把年纪了，现在却要搬到租来的小房子里去……

我转过头去，看到这个亲切、谦逊的女人正面带笑容地坐在一片混乱之中。紧接着她开始笑了起来。她那有感染力的笑声传到了我的心里，很快，我发现自己坐在了地板上，坐到了她的身旁。哦，我将会多么想念我的朋友啊——珀尔已经成了我的知己、我的顾问、我的好邻居，更是我的朋友。

"珀尔，这太疯狂了，我们在笑什么？打包并不是什么有趣的事。"我说。

"你知道人们是怎么形容生活的吗？"珀尔问。

我的脸上流露出明显的探询表情，我不知道她指的是什么？

她继续说道："你知道，人们常说，生活就是一场考试。"

"哦，是的，我听说过。"我说，"但我仍然不明白，什么事情如此有趣？"

她终于不再笑了，但脸上仍带着一种狡黠的笑容："亲爱的，我刚刚意识到，这场考试我考得不好！"

她告诉我说，只要能让自己知足常乐，并在笑声中寻找到欢乐，那么，在任何情况下，生活都是美好的。

珀尔和她的丈夫搬到了离他们的孩子更近的地方，对他们来说，生活似乎一如既往地平安喜乐，直到一年后比尔去世。当珀尔告诉我这个消息的时候，我的思绪不禁又回到了那个下午，想起了我们一起坐在满地的零碎物品中间时她对我说的那句话——"生活就是一场考试"。她的话道出了其中的全部道理。

无论这场考试多么困难，她都有足够的信心去通过，尽管那天她曾说过："这场考试我考得不好。"

带着一颗安定的心轻松行走

人在世上漫长的旅程中，最沉重的其实并不是某种外物，而是自己那颗无法安定的心啊。一个巢，心安下来就是家；一个穴，心安下来就是福。

在北戴河海滨，行走的小贩起劲地兜售贝壳。那是刚刚从大海里打捞出来的各种漂亮彩贝，用塑料袋装着，一袋里面有二十多枚。小贩跟定了我，不停地说："买一袋吧！才三十块钱，比零买合算多了！"我禁不住诱惑，俯下身，认真地挑选起来。五十块钱，我买了两袋，觉得占了很大的便宜。

但是，不久我就懊悔了。那可心的"宝贝"渐渐成了压手的累赘。一手一袋，越走越重，累得人连伞都撑不动了。同行的朋友同样手提两袋贝壳，苦笑着对我说："嗨，你还要不要？你若是要，我把这两袋给你。"

在老虎石附近，我看到一个和我们一样手提贝壳的老妇人，她一定也和我们一样为那压手的"宝贝"所累。只见她蹲下来，双手在沙地上挖了个坑，然后就将那几袋贝壳放进了坑里。我和朋友会意地笑起来。朋友忍不住逗她："阿姨，您当着这么多人的面埋藏宝物，不怕被别人偷走吗？"老妇人一边往坑里填土一边快活地说："待会儿我走了你就来偷吧！"

离开了老妇人，朋友对我说："要不，咱也先把这东西埋上，等回来的时候再刨出来。你看咋样？"我坚决不同意，说："跟那个坑比起来，我更愿意相信自己的手。"

接下来，我们租垫子戏水，又打水滑梯。玩这些游戏的时候，我们轮流看护着那几袋沉甸甸的"宝贝"。说实在的，获得宝贝的喜悦渐渐被守卫宝贝的辛苦消磨殆尽。

太阳偏西了，我们疲惫不堪地往集合地点走。路过老虎石的时候，我们不约而同地靠近了老妇人埋宝的地方。朋友笑着说："有三种可能：东西被老妇人拿走了；东西被别人拿走了；东西还在。"我环顾了一下四周，确保没人注意自己，将手里的长柄伞猛地往下一戳，"嚓"的一声，是金属碰到贝壳的声音。"还在！"我和朋友异口同声地喊出声来！

突然间，我心里很黯然很惆怅，我在为自己愚蠢地错失了仿效老妇人卸掉重负的机缘而沮丧。想想看，人在世上漫长的旅程中，最沉重的其实并不是某种外物，而是自己那颗无法安定的心啊。一个巢，心安下来就是家；一个穴，心安下来就是福。想想那个老妇人，天真地挖了一个坑，然后心安地把一份天真寄存在里面。这一日，她一定玩得比我们好，她轻松地行走，轻松地戏水。待到她归来挖出她的彩贝，她就可以微笑着为自己的心安加冕；而我呢，我在不心安地奔波劳顿之后，又为自己选择了不心安而难以安心。我的累，源于手，更源于心啊。

把快乐的标准，降到人人都拥有的境地

快乐的标准是一根可以无限拉伸的橡皮筋，你的欲望越大，它拉得就越长，快乐的标准也就越高。把快乐的标准降下来，降到人人都拥有的境地，那就快乐了。

澳大利亚开奥运会的时候，在这片土地上发迹的媒体大亨默多克当然会去捧场。

在现场，默多克发现座位底下散落着一枚硬币，他站起身来，然后蹲下，捡起了那枚硬币，脸上带着微笑。

这则细节被媒体爆炒，但我只记住了默多克的微笑，拥有亿万资产的他却为捡到一枚硬币而微笑。

香港的记者曾问过亚太首富李嘉诚："君以为一生之中，最快乐的赚钱一刻是何时？"李说："开一间临街小店，忙碌终日，日落打烊时，紧闭店门，在昏暗灯光之下与老伴一张一张数钞票。"

李嘉诚的答案令记者措手不及，但这真是妙答啊，一点都不做作，谁都会对这样的快乐会心一笑。

马来西亚还有位华籍企业家谢英福，当时马来西亚有一家国营钢铁厂经营不景气，亏损高达 1.5 亿元。首相马哈迪找到他，请他担任公司总裁，他不假思索地答应了。在别人看来，这是一个错误的决定，因为钢铁厂债重难还，生产设备落后，员工凝聚力涣散，这是一个巨大的洞，一个根本无法填平的洞。

但谢英福却坦然对媒体说："当年我来到马来西亚时，口袋里只

有五元钱，是这个国家令我成功，现在我要报效这个国家，如果我失败了，那就等于损失了五元钱。"

年近六旬的谢英福从别墅里搬出来，住进了那家破败的钢铁厂，三年后，工厂起死回生，开始大量创造财富。

五元钱每个人都拥有，但当你拥有一万元、一百万元、一千万元的时候，还会以五元的标准衡量自己的快乐吗？

快乐像跳高，横杆越低，我们就会越轻松，越无所畏惧。

鼓足勇气，人因梦想而伟大

梦想是生命的光，人到了没有梦想的时候，也就是生命完全衰竭的时候。没有梦想的生活就是暗淡的、贫乏的、空虚的生活，对生活的热情期望、勇敢追求和执着的信念，将作为青春的遗产留在心中，所以，人一定要有梦想，并且要为之不断努力。

　　追梦是一种过程，也是一种必须逐渐建立的生活习惯，一种"活在当下"的感觉。谁说你要放弃一切才能追梦？也别再怨梦想与面包相阻碍，其实阻碍你追求梦想的，不是你手头食而无味、弃之可惜的面包，而是自己的牺牲。

这个世界上，没有比脚更高的山

如果你想实现自己的追求，就要在你的心中牢牢地记住"努力"这个可以改变你一生的词，因为只要你选对了方向，而且努力地去拼搏，那么在这个世界上就没有比脚更高的山。

海伦刚出生的时候，是个正常的婴孩，能看、能听，也会咿呀学语。可是，一场疾病使她变成既盲又聋的残疾人，那时，小海伦刚刚一岁半。

这样的打击，对于小海伦来说无疑是巨大的。每当遇到稍不顺心的事，她便会乱敲乱打，野蛮地用双手抓食物塞入口里。若试图去纠正她，她就会在地上打滚、乱嚷乱叫，简直是个十恶不赦的"小暴君"。父母在绝望之余，只好将她送至波士顿的一所盲人学校，并特别聘请沙莉文老师照顾她。

在老师的教导和关怀下，小海伦渐渐地变得坚强起来，在学习上十分努力。

一次，老师对她说："希腊诗人荷马也是一个盲人，但他没有对自己丧失信心，而是以刻苦努力的精神战胜了厄运，成为世界上最伟大的诗人。如果你想实现自己的追求，就要在你的心中牢牢地记住'努力'这个可以改变你一生的词，因为只要你选对了方向，并且努力拼搏，那么在这个世界上就没有比脚更高的山。"

老师的话，犹如黑夜中的明灯，照亮了小海伦的心，她牢牢地记住了老师的话。

从那以后，小海伦在所有的事情上都比别人多付出了十倍的努力。

在她刚刚十岁的时候，她的名字就已传遍全美国，成为残疾人士的模范，一位真正的强者。

1893 年 5 月 8 日，这是海伦最开心的一天，也是电话发明者贝尔博士值得纪念的一日。贝尔在这一日建立了著名的国际聋人教育基金会，而为会址奠基的正是十三岁的小海伦。

若说小海伦没有自卑感，那是不确切的，也是不公平的。幸运的是她自小就在心底里树起了颠扑不灭的信心，完成了对自卑的超越。

小海伦成名后，并未因此而感到自满，她继续孜孜不倦地努力学习。1900 年，这个年仅二十岁，学习了指语法、凸字及发声，并通过这些方法获得超过常人知识的姑娘，进入了哈佛大学拉德克利夫学院学习。

她说的第一句话是："我已经不是哑巴了！"她发觉自己的努力没有白费，兴奋异常，不断地重复说："我已经不是哑巴了！"

在她 24 岁的时候，作为世界上第一个受到大学教育的盲聋哑人，她以优异的成绩从世界著名的哈佛大学毕业。

海伦不仅学会了说话，还学会了用打字机著书和写稿。她虽然是位盲人，但读过的书却比视力正常的人还多。而且，她著了七册书，另外，她比正常人更会鉴赏音乐。

海伦的触觉极为敏锐，只需用手指头轻轻地放在对方的嘴唇上，就能知道对方在说什么；她把手放在钢琴、小提琴的木质部分，就能"鉴赏"音乐。她能以收音机和音箱的振动来辨明声音，还能够利用手指轻轻地碰触对方的喉咙来"听歌"。

如果你和海伦·凯勒握过手，五年后你们再见面握手时，她也能凭着握手认出你来，知道你是美丽的、强壮的、幽默的，或者是满腹牢骚的人。

这个克服了常人"无法克服"的困难继而走向成功的残疾人，其事迹在全世界引起了震惊和赞赏。她大学毕业那年，人们在圣路易博览会上设立了"海伦·凯勒日"。

她始终对生命充满了信心，充满了热爱。

在第二次世界大战后，海伦·凯勒以一颗爱心在欧洲、亚洲、非洲各地巡回演讲，唤起了社会大众对身体残疾者的注意，被《大英百科全书》称颂为有史以来残疾人士最有成就的由弱而强者。

美国作家马克·吐温评价她说："19 世纪中，最值得一提的人物是拿破仑和海伦·凯勒。"身受盲聋哑三重痛苦，却能克服残疾并向全世界投射出光明的海伦·凯勒，以及她的老师沙莉文女士的成功事迹，说明了什么问题呢？答案是很简单的：如果你在人生的道路上，选择信心与热爱以及努力作为支点，再高的山峰也会被你踩在脚下，助你登上生命之巅。

想法决定你的一生，甚至影响下一代

首先问自己想要成为什么样的人，然后去做自己必须做的事。

在美国，有一个黑人小孩名叫约翰·富勒，有一天他心血来潮，忽然问妈妈："为什么那些白人可以住那么大的房子，而我们只能住在这么破旧的木造公寓里？为什么那些白人可以开着豪华的大轿车，而我们出门却只能搭乘肮脏的地铁？为什么那些白人可以吃最好的牛排、火鸡，而我们家只能吃着最普通的食物？妈妈，是不是因为他们的肤色是白色的，而我们的是黑色，所以上帝才会给我们这种不公平的待遇？"

约翰·富勒的母亲是一位深具智慧的黑人女性，她望着眼光中充满疑惑的孩子，温柔地回答道："不，亲爱的孩子，上帝是公平的，他不会因为肤色而歧视我们。我们家之所以会这么穷，最主要是因为：'你有一个从来没想过要让自己有钱的爸爸'。"

母亲的这一番话犹如当头棒喝，一下子就让约翰·富勒幼小的心灵开了窍。他明白了"贫穷本身并不可怕，可怕的是甘于贫穷的观念会遗传给下一代"这个重要的哲理。

从那一天开始，小约翰·富勒比他那六个兄弟姐妹更加努力地工作、学习。他从五岁起便开始做一些可以赚钱的工作，九岁还帮人家去赶骡子赚钱。在约翰·富勒的心中，从未放弃过做个有钱人的念头。

长大成人之后，他拥有比一般人多不知多少倍的工作经验，凭借他累积的这些丰富的经验及阅历，约翰·富勒在极短的时间内收购了七家公司。其中包括四家化妆品公司、一家制糖厂、一家标签公司，还有一家报社，为自己的事业成功奠定了稳固的基础。

约翰·富勒的成功，奠基于一个母亲的简单观念，再加上自己持之以恒的不懈努力，梦想才终得实现。

不忘梦想，赢得了另一个世界

如果有人问我，在生命的终点，你还有什么希望？我会回答他：我希望有一天看到我们的民族能够好起来，不再被人家瞧不起，她能够胜过别的民族！到那时，我才能真的闭上眼睛……

袁和是一位上海姑娘。几年前，她作为中国留学生，到美国马萨诸塞州蒙特·荷里亚女子学院攻读硕士学位。

为了踏出国门学习，她付出了比别人更为艰辛的努力。当时，她已经30多岁了，无论是从灵气还是从记忆力来说，都已经落在那些更为年轻的人后面。为了让自己的愿望得以实现，她白天在街道的小工厂里和那些老大妈们一起糊纸盒赚钱，晚上躲进一间小屋借着昏暗的灯光读外语。就这样，她以顽强的毅力通过了出国外语考试。那天踏进机场时，她忍不住放声大哭。

读硕士，攻博士，她心中有张人生的进度表。踏上美国的土地，尽管一切都是新鲜的——美丽的西海岸、让人惊叹的曼哈顿——但这一切没有使她驻足。过往岁月已经耽误了太多的时间，她要用超常的努力，赢得别人已经得到或没有得到的那一切。

然而，这个进度表刚刚展开，袁和就被罩上了"死亡"的阴影，命运给了这个倔强的姑娘一个无情的"下马威"——美国医生诊断：癌症。袁和刚刚到美国才两个月啊！不久，再次检查的结果是：癌细胞转移。

死亡向袁和这个弱女子扑来。这种恐惧对于任何人来说都是难以承受的，何况一个身在异乡、孤独无援的姑娘，除了那种明知道起不了多大作用，只是延缓死亡那一刻到来的化疗、手术，大家都束手无策。于是，有人劝她回国去，那里毕竟有亲人的照顾。也有人劝她留下来，因为美国是一个自由的国度，在这里可以吸毒、可以放荡、可以为所欲为。人之将死，不就想减轻痛苦、转移压力、多享受几天人生的快乐吗？

袁和没有回国，也没有去吸毒、去放荡。她对人说，我还想读书，想得到硕士学位。

她的同学把她的愿望告诉医生，那位美国医生连连摇头，说："不可能，这是根本不可能的。按照经验，她只能再活半年。想要得到硕士学位证书，这只是一种幻想，美丽的幻想……"

袁和正是怀着这种渺茫的幻想重新走进教室，走进图书馆，走进一个新的希望……她仿佛忘记自己是一个癌症患者、一个被现代医学宣判了死刑的人。她拼命地读书，仿佛要把心中的痛苦全倒在浩如烟海的知识海洋里。

两年多的时间，她把死亡当成一支生命的拐杖，倚着它，无所畏惧地前行。她在教室里晕倒过，但醒来依然又走回教室；她吃下去的饭被无数次地吐出来，但她仍顽强地咀嚼并咽下去。

一个休息日，她在宿舍里看书，突然一阵眩晕，摔倒在地上。就在那冰凉的地上，她整整昏死了十几个小时。当她醒来的时候，已经是第二天的凌晨了，她的手脚已经不听大脑的控制了，然而，在一片空白的思维中，她分明听见一个声音的呼唤：站起来，站起来！终于，她爬了起来，站立了起来……

脚下是一串深浅不一的足印，尽管她曾胆怯过、犹豫过，痛苦难耐时，也想放弃追求，但她终于战胜了自己，战胜了人在懦弱、绝望中的自戕。经过一年多时间的苦熬，一年多向死亡的挑战，袁和终于穿着长长的黑色学袍，一步步走上了学院礼堂的台阶。她用颤抖的双手，接过院长亲自为她颁发的硕士学位证书。

对于袁和来说，这是她一生中最激动和最难忘的一天，她终于用自己的毅力和意志，把梦想变成了现实。

教授们和那些来自不同国度的同学们，在台下为袁和鼓掌。他们看到了勇气，看到了无畏，看到了人格的力量。

袁和并没有停止她生命的进程，她又以顽强的毅力去攻读博士学位。但是，没过多久，病魔终于夺去了她年轻的生命。

一个普通生命的消逝，竟在那一方土地上引起了很大的震动。马萨诸塞州的四家报纸都刊登了袁和的大幅照片。报纸撰文称赞袁和的一生是人类"关于勇气的一课"。

蒙特·荷里亚女子学院破例下半旗两天，向这个普通的中国女留学生致敬。他们还设立了"袁和中美友谊奖学金"，以奖励那些对中美文化交流事业做出贡献的人们。

在学校附近的草地上，学院为袁和立了一块碑，碑上面有一张袁和微笑的彩色照片……

袁和以她的勇气和毅力，在异国他邦树立了中国人不朽的形象。这是一个让人钦佩和折服的形象！若说奉献，这就是她为祖国做出的最大奉献。

袁和自知不久于人世的时候，在一盒录音带上，给自己的父母和亲人口述了她的遗言："我很骄傲，因为一个普通的女子能够和癌症拼搏，向死神挑战……

"许多美国人对我说，这在美国是不可思议的。其实，中国人并不都像他们想的那样，只会烧饭，或者卑躬屈膝。很多人一讲到中国，只讲中国人怎么受苦。是的，中国人受的苦是够多的，可以说是多灾多难。但是，中国人的勇气，中国人的力量，是和中国人的困苦同时存在的。只要我们大家共同努力，尤其是那些立志改变中国的人共同努力，中国总会强大起来。"

袁和去了，在完成了一个人应该完成的使命后，平静地去了。

我的成功，对别人是一种激励

人的一生可能燃烧也可能腐朽，我不能腐朽，我愿意燃烧起来！

洛杉矶音乐中心的钱德勒大厅内灯火辉煌，座无虚席，人们期盼已久的第 59 届奥斯卡金像奖的颁奖仪式正在这里举行。

在热情洋溢、激动人心的气氛中，仪式一步步地接近高潮——高潮终于来到了。主持人宣布：玛莉·马特琳在《小神的儿女》中有出色的表演，获得最佳女主角奖。全场立刻爆发出经久不息的雷鸣般的掌声。玛莉·马特琳在掌声和欢呼声中，一阵风似的快步走上领奖台，从上届影帝——最佳男主角奖获得者威廉·赫特手中接过奥斯卡金像。

手里拿着金像的玛莉·马特琳激动不已。她似乎有很多很多话要说，可是人们没有看到她的嘴动；她又把手举了起来，可不是那种向人们挥手致意的姿势，眼尖的人已经看出她是在向观众打手语，内行的人已经看明白了她的意思：说心里话，我没有准备发言。

此时此刻，我要感谢电影艺术科学院，感谢全体剧组同事……

原来，这个奥斯卡金像奖颁奖以来最年轻的最佳女主角奖获得者，竟是一个不会说话的哑女。

玛莉·马特琳不仅是一个哑巴，还是一个聋子。

玛莉·马特琳出生时是一个正常的孩子。但是，她在出生十八个月后，被一次高烧夺去了听力和说话的能力。

这位聋哑女对生活充满了激情。她从小就喜欢表演。八岁时加入伊利诺伊州的聋哑儿童剧院，九岁时就在《盎斯魔术师》中扮演多萝西。但十六岁那年，玛莉被迫离开了儿童剧院。所幸的是，她还能时常被邀请用手语表演一些聋哑角色。正是这些表演，使玛莉认识到了自己生命的价值，克服了失望心理。她利用这些演出机会，不断锻炼自己，提高演技。

1985年，十九岁的玛莉参演了舞台剧《小神的儿女》。她在《小神的儿女》中饰演的是一个次要角色。可就是这次演出，使玛莉走上了银幕。

女导演兰达·海恩丝决定将《小神的儿女》拍成电影。可是为物色女主角——萨拉的扮演者，导演大费周折。她用了半年时间先后在美国、英国、加拿大和瑞典寻找，但都没找到中意的。于是她又回到了美国，观看舞台剧《小神的儿女》的录像后，她发现了玛莉高超的演技，立即决定启用玛莉担任影片的女主角，饰演萨拉。

玛莉扮演的萨拉，在全片中没有一句台词，全靠极富情感的眼神、表情和动作，揭示主人公矛盾复杂的内心世界——自卑和不屈、喜悦和沮丧、孤独和多情、消沉和奋斗。玛莉十分珍惜这次机会，她勤奋、严谨、认真对待每一个镜头，用自己的心去拍，因此表演得惟妙惟肖，让人拍案叫绝。

就这样，玛莉·马特琳成功了。她成为美国电影史上第一个聋哑影后。正如她自己所写的："我的成功，对每个人，不管是正常人，还是残疾人，都是一种激励。"

自信是成功的第一秘诀

如果自己都不信任自己的话，那么将没有人信任你！

威廉·赫伯特经营着一家服装店。他虽然过着平凡而又体面的生活，但是这并不是他理想的生活。他家的房子不大，也没有钱买他们想要的东西。虽然他的妻子并没有抱怨，但很显然，她只是安于天命并不是幸福。

赫伯特的内心深处变得越来越不满。当他意识到爱妻和他的两个孩子并没有过上好日子的时候，心里感到深深的刺痛。

但是经过六年的奋斗，一切都发生了变化。赫伯特有了一个漂亮的新家。他和妻子再也不用担心能否送他们的孩子上一所好的大学，他的妻子在花钱买衣服的时候也不用再畏畏缩缩了。第二年春天，他们全家都将去澳洲度假。赫伯特过上了真正的生活。

他说："这一切的发生，是因为我利用了信念的力量。六年以前，我听说在底特律有一份经营服装店的工作。那时，我们还住在克利夫兰。我决定试试，希望能多挣一点钱。我到达底特律的时间是星期天的早晨，但公司与我面谈还得等到星期一。晚饭后，我坐在旅馆里静思默想，突然觉得自己是多么的可憎。'这到底是为什么？'我问自己，'失败为什么总属于我呢？'……"

赫伯特不知道那天是什么促使他做了这样一件事：他取了一张旅馆的信笺，写下几个他非常熟悉的、在近几年内远远超过他的人的名字。他们取得了更多的权利和工作职责。其中两个原是邻近的农场主，现已搬到更好的地区去了；其他两位，赫伯特曾经为他们工作过；最后一位则是他的妹夫。

他问自己：这五位朋友拥有的优势是什么呢？他把自己的智力与他们作了一个比较，他觉得他们并不比自己更聪明，而他们所受的教育、他们的正直、个人习性等，也并不拥有任何优势。终于，赫伯特想到了一个成功的因素，即主动性。赫伯特不得不承认，他的朋友们在这点上胜他一筹。

当时已快深夜 3 点钟了，但赫伯特的脑子却还十分清醒。他第一次发现了自己的不足。他深深地挖掘自己，发现缺少主动性是因为在内心深处，他并不看重自己。

赫伯特坐着度过了一夜，回忆着过去的点点滴滴。从他记事起，他便缺乏自信心，他发现过去的自己总是在自寻烦恼，自己总对自己说不行，不行，不行！他总在表现自己的短处，几乎他所做的一切都表现出了这种自我贬低。

于是，他做出了决定："我一直都把自己当成一个二等公民，从今后，我再也不这样想了。"

第二天上午，赫伯特仍保持着这种自信心。他暗暗把这次与公司的面谈作为对自己自信心的第一次考验。在这次面谈以前，赫伯特希望自己有勇气提出比原来工资高 750 甚至 1000 美元的要求，但经过这次自我反省后，赫伯特认识到了他的自我价值，因此他把这个目标提到了 3500 美元。

结果，赫伯特达到了目的。他获得了成功。

失去勇气，则一切都失掉了

"失去金钱，只是失掉半个人生，但是失去勇气，则一切都失掉了。"

修曾是个多虑的人。但是，1934 年的春天，他走过韦布城的西多提街道，有个景象扫除了他所有的忧虑。

事情的发生只有十几秒钟，但就在那一刹那，修对生命意义的了解，比在前十年中所学的还多。那两年，修在韦布城开了家杂货店，由于经营不善，不仅花掉他所有的积蓄，还负债累累，估计得花七年的时间偿还。他在星期六结束营业，准备到"商矿银行"贷款，好到堪萨斯城觅份工作。走在街上，修像只斗败的鸡，没有了信心和斗志。突然间，有个人从街的另一头过来。那人没有双腿，坐在一块安装着溜冰鞋滑轮的小木板上，两手各用木棍撑着向前行。他横过街道，微微提起小木板准备登上路边人行道。就在那几秒钟，他们的视线相遇。只见那人坦然一笑，很有精神地向修打招呼："早安，先生。今天天气真好啊！"修望着他，体会到自己是何等富有："我有双足，可以行走，为什么却如此自怜？这人缺了双腿仍能快乐自信，我这个四肢健全的人还有什么不能的？"修挺了挺胸膛，本来准备到"商矿银行"只借 100 元，现在却决定借 200 元；本来说到堪萨斯城找份工作试试看，现在却很有信心地宣称："我到堪萨斯城去找一份新的工作！"结果，他借了钱，找到了工作。

现在，修把下面一段话写在洗手间的镜面上，每天早上刮胡子的时候都念它一遍：

我闷闷不乐，因为我少了一双鞋，

直到我在街上，见到有人缺了两条腿。

每一个人都有能力发展自己，取得更大的成功。不要怀疑自己的能力，不要容忍自己的软弱，积极地采取行动吧！

苦难是所最好的学校

苦难，在不屈的人面前会化成一份礼物，这份珍贵的礼物会成为真正滋润你生命的甘泉，让你在人生的任何时刻，都不会轻易被击倒！

正当贝多芬充满热情地献身于他所钟爱的音乐事业时，不幸的事情发生了：由于患耳病，贝多芬渐渐失去了听觉。一天，他和朋友们到野外散步，当朋友们听到远处传来一阵悠扬的笛声，并赞叹其优美时，贝多芬侧耳倾听，可他什么声音也没有听到。他们继续往前走，朋友们又听到牧童清脆的歌声，并享受其中时，贝多芬全神贯注地听，仍然什么也没听到。贝多芬这才知道自己的耳朵全聋了。

对于音乐家来说，世界上还有什么能比耳朵更宝贵呢？音乐家要用耳朵去辨别音的高、低、强、弱，要用耳朵去欣赏优美的旋律、丰富的和声和多变的节奏，音乐就是声音的艺术啊！这个打击对年轻的贝多芬来说，实在太沉重了。

贝多芬陷入了极大的痛苦之中。他绝望了，甚至想到了自杀，连遗嘱都写好了。但是，经过一番激烈的思想斗争以后，贝多芬还是坚强地活了下来，因为他热爱生活，热爱音乐。他对别人说："是艺术，只是艺术挽留了我，在我尚未把我的使命完成之前，我不能离开这个世界。"

贝多芬勇敢地向命运发起了挑战，他在给朋友的信中豪迈地写道：

"我要扼住命运的喉咙，它休想使我屈服！"

这句话成为贝多芬一生的座右铭。

贝多芬比以前更加勤奋、努力。尽管他的耳病越来越严重，听不到鸟儿的啼叫、小溪的歌唱，也听不到雷鸣、风吼，世界上的任何声音他都听不到。但是，贝多芬没有灰心，也没有气馁，他坚韧不拔地与命运搏斗。贝多芬与命运艰苦搏斗的时期，正是他一生中创作力最旺盛、成就最辉煌的时期。他的大部分成功之作都是耳聋以后创作的。他一生成就最卓著的9部交响乐都是在他患了耳疾，听力渐退的情况下完成的。贝多芬以他惊人的毅力、辉煌的成就掀开了欧洲音乐史上崭新的一页。他创作的几部具有代表性的交响乐，一直享誉全球。

苦难是一笔巨大的财富，苦难缔造了强者健康有力的品格，丰富了强者的斗争经验，锻炼了强者非凡的才干。总之，"苦难是成功之母"。不经风雨怎么见彩虹？如果你想摘玫瑰，就不要怕刺！人的一生不可能只有成功的喜悦而没有遭受挫折的痛苦，一个人如果能在失望与绝望中看到希望，那他就已经有了成功的可能。

用乐观的情绪自救

如果你总是背着"情绪包袱"去生活，那么厄运一来，你会很容易地被打倒。卡亚之所以能够保住自己的性命，就在于他能放下包袱，给自己积极的自我暗示。

1939 年，德国军队占领了波兰首都华沙，此时，卡亚和他的女友迪娜正在筹办婚礼。卡亚做梦都没有想到，他会和其他犹太人一起，光天化日之下被纳粹推上卡车运走，关进了集中营。卡亚陷入了极度的恐惧和悲伤之中，在不断的摧残和折磨中，他的情绪极其不稳定，精神遭受着痛苦的煎熬。

一同被关押的一位犹太老人对他说："孩子，你只有活下去，才能与你的未婚妻团聚。记住，要活下去。"卡亚冷静下来，他下定决心，无论日子多么艰难，一定要保持积极的心态。

所有被关在集中营的犹太人，他们每天的食物只有一块面包和一碗汤。许多人在饥饿和严刑的双重折磨下精神失常，有的甚至被折磨致死。卡亚努力控制和调整着自己的情绪，把恐惧、愤怒、悲观、屈辱等抛之脑后，虽然他骨瘦如柴，但精神状态却很好。

五年后，集中营里的人数由原来的四千人减少到不足四百人。纳粹将剩余的犹太人用脚镣铁链连成一长串，在冰天雪地的隆冬季节，将他们赶往另一个集中营。许多人忍受不了长期的苦役和饥饿，死在茫茫雪原之上。在这个人间炼狱中，卡亚奇迹般地活了下来。他不断地鼓舞自己，靠着坚韧的意志力，维持着衰弱的生命。

1945 年，盟军攻克了集中营，解救了这些饱经苦难的犹太人。卡亚活着离开了集中营，而那位给他忠告的老人，却没有熬到这一天。

若干年后，卡亚把他在集中营的经历写成一本书。他在前言中写道："如果没有那位老者的忠告，如果放任恐惧、悲伤、绝望的情绪在我的心间弥漫，很难想象，我是否还能活着出来。"

是卡亚自己救了自己，用积极乐观的情绪救了自己。

与卡亚不同的是，总有许多人不停地抱怨命运的不公，自己付出了辛劳的汗水，得到的却是失败和痛苦。究其原因，就在于他们不会调节自己的情绪。

崇高的人不记得自己的善举，那正是她的伟大

岁月无情，额际和眼角已隐隐刻上细细的皱纹，可她那一双眸子却如秋日潭水般清明。那传神的眸子中有的是单纯、真诚。看她一眼，像看一座平原：一目收尽，一览无余，坦坦荡荡。

"您是否还记得一个偷书的孩子？

送这本书给您——是我写的——一个关于您、我、书的故事。

我，是一个诗人了。但，若没有您，我就只是一个偷书的孩子。"

这小镇只有一家书店。书店只有一位镇上人称呼为"卖书的"那个人就是她。

她卖了多久书了？没有人说得清。在人们的记忆中，似乎这里有了书店就有了她，也只有她。老年人记得：她刚卖书那阵儿还是个刚出校门的学生娃。撅着一双羊角小辫，斯斯文文，见了谁都是

笑模笑样。

　　她很忙。书店里的事全由她一个人处理：进书，卖书，下乡送书，卖画，预订书，包括每日一次的结账，店堂里的内外清扫……她忙得过来吗？不知道。也没有人认真想过。反正她是忙过来了，几十年如一日地忙过来了。怎样忙过来的？说不清，也没人注意。像地上的草，绿了，黄了，黄了，绿了，"一岁一枯荣"吧。除了诗人们，一般人是不大注意这些小草的变化的。岁月流逝。如今，读过她卖出的小人书的小姑娘早已当了妈妈，连她们的孩子也已不大喜欢小人书而喜爱抱着厚厚的小说看了。书架上的书，也如同变幻的人生，历经了不少坎坷，但毕竟是越来越丰实，光看看那些五花八门的书名、看看那各具风格的封面，就知道书是越来越多了。

　　人爱书了，生意能不红火么？

　　岁月无情，我们的主人公看上去五十岁上下了，额际和眼角已隐隐刻上细细的皱纹。可她那一双眸子却如秋日潭水般清明。那传神的眸子中有的是单纯、真诚。看她一眼，像看一座平原：一目收尽，一览无余，坦坦荡荡。大概也正因如此，那些素来拘谨、甚至怯懦的卖鸡蛋的老婆婆们敢于不买书而走进店来，坐在店堂歇乏，拉家常，向她讨水喝。当然，她们也一反生活拮据的家庭主妇的锱铢必较，大把大把地掏出鲜枣、红果，强留在柜面上。她们以自己的直觉信任了她：她虽是个挣钱的女人，但不傲世欺民，她是个好人。

　　有一天，小书店里来了一位年轻的客人。

　　这时辰正是书店里的冷清时刻。我们的主人公正倚靠在柜台上看刚刚收到的报纸。见有客人，她站起来，问："您要买书？"

　　"不，看看，先看看……"年轻人有一股文气。光那一副眼镜就足以证明他读了不少的书。

"请您取一下那本书。"他指着书架正中的一册 36 开本的小书。那是一本诗集，装帧精美、雅致。书名是《孩子和书》。

"您看过这本书吗？"他抚摩着手中的诗集，问。

她赧然了："没有……"真的，她卖过的书太多，多得无数。但她读过的书太少，少得屈指可数。这实在是因为太忙了。她常常只能把每次新进的书翻一翻：看看封面、内容提要、插图、定价。这也是为了向客人们介绍、推荐。让顾客买了不合适的书，她觉得对不起人家，尤其是那些农家孩子们——她的小主顾、小客人。

她知道他们手中的一把镍币是从妈妈的盐钱里一点一点抠来的。

那年轻人并未注意她的窘态，继续问道："这本书买的人多吗？"

"不少。进了五十本，已快卖完了。"这她心中有数，答得挺爽快，"主要是中学生和老师买。听说报纸上有介绍，向学生推荐。"她补充说。

"您，认识我吗？"他突然问了一句，两眼盯住了她。

她愣了。仔细观察他，希望能记得起来。可是回忆带给她的是一片空白。

客人笑了，笑得很轻，很动人。"您真好……"说着，他放下手中的诗集，从身边的提包里取出一本书，送到她的面前，"这是我送给您的……"

她茫然，甚至有点不知所措："为什么送我书？"

他见她不接，就把那书放在柜面上，凝视着她："您还记得十五年前一个偷书的孩子吗？"他顿了一下，似乎是为了唤起她的记忆。
"他偷了您的书，您没有打他……您自己付了书钱把书送给他……
还给他取了两块点心，是白皮的，一杯水，放了糖……那时他很饿，
很可怜……他的爸爸、妈妈都死了……他受人欺侮……"

　　他的话终于使她渐渐记起了一件往事。是的，十五六年前，
对，那时正是"大革命"的时代，书遭殃了，她店里的书被封，只留
下些红皮书。不少封存的书放在柜台后面，贴上了封条。有一天，
她听到一阵"嘟嘟嘟嘟"的响声，起先认为是老鼠，但老鼠不会有
那么大的声音。她走过去，啊！一个孩子，蓬头垢面，一脸汗珠，
他正从一个书捆里掏出一本书匆匆往怀里塞。她咳嗽了一声。他
静止了，一动不动，尔后又抬起头。于是她看到一双慌张中带着倔
强，倔强中带着粗野的眼睛……后来，像他所说的，她没有训他，
送了那本书给他，自己付了钱，她记得那本书好像是《牛虻》。他
被感动了，哭了，告诉她，他的父母不久前都被"革了命"……他
无依无靠，四处流浪，没有钱，没有吃的，可是他爱读书……她听
了，爱怜地为他擦去汗珠，挑了几本书送给他，还给了他一点钱和
吃食。为了这件事，她后来也吃了点苦头。从那以后，他就失踪
了。她虽然会不时想起，但十几年过去了，已渐渐淡忘，难道眼前
的他就是当年的他？

　　当她从回忆中醒来，发现那年轻人不知什么时候走了。她赶紧
走出店门，想把他找回来，问问他现在的情况，可是，一眼可以望尽
的小街上，没有他的影子。她走回来，翻看年轻人留给她的那本书，
惊讶地发现，那是同样的一本诗集：《孩子和书》。

　　她打开扉页，上有几行秀气的字：

阿姨：

您是否还记得一个偷书的孩子？

送这本书给您——是我写的——一个关于您、我、书的故事。

我，是一个诗人了。但，若没有您，我就只是一个偷书的孩子。

也许您早已忘记了我，那证明了您的崇高：崇高的人不记得自己的善举，那正是她的伟大。

人，不应失去对生活前景的信仰

每一个人，当他年轻时，都应该努力去实现一个梦想，那会使得他在今后的人生旅途中获得一种信念，一种对生活前景的信仰；这应该是一个伟大的、重要的，你认为不可能实现的梦，譬如在校园演出时当主角，或者独自一人吃掉整整一个生日蛋糕。而我的梦想是骑象。

——巴兹·迪尔

在经济大萧条时期，我们的小镇上只是偶尔有小马戏团来表演一次，而且他们常常没有大象。我家附近又没有动物园，能观看大象对我来说就已经是极不容易的事了，甭说骑象了。

但是我爱象。在我看来，大象似乎是世上最大最仁慈的生物，它似乎是一种自然的启迪，那就是：世界上最美好的事物并不总是以小巧玲珑的形式出现的。这是我需要信奉的启迪，因为我不仅仅是一个小小的我。坐在大象背上似乎是不可思议的，从那样高的地方去看世界一定是极美的，我也会是很美的。

九岁那年，我仍不忘诸如骑象那样的事，那时我母亲刚刚去世，父亲在另一个镇上找到了一份工作，我跟祖母住在一起，我很爱她，她待我很好，但是我仍感到陌生。我常常看着放在起居室壁炉台上的那排象牙制的小象出神地想象着真正的大象。

一个秋天的傍晚，我在放学回家的路上看到马戏团的海报。以往，当马戏团到城里来的时候，我们总是要去看的。但是，今年，我没有把握，我无法想象祖母和我坐在沿街破烂帐篷的帆布下，在黄昏时分，站着看那花脸的小丑、穿芭蕾舞短裙的女士和翘鼻子的大象会是怎样的，突然间，我感到从未有过的孤独。

星期六有两场演出。那天下午，我坐在胡桃树间的秋千上看书，努力克制自己不去想大街上的锯木屑、不去想大象、不去想那消逝了的时光：那时，爸爸、妈妈和我会一起走进那奇妙的帐篷。

然而，五点钟时，父亲的小车在家门口停下来了，我向他跑去。"喂，宝贝，"他说，"听说马戏团在镇上演出，我想我可能会说服你去看看表演。"

他请了一个下午的假，开了六十英里的车来接我。

搭在镇边的帐篷里，观众连一半都不到，风不断地吹进来，聚在看台中央的为数不多的观众们都把手插在口袋里，但是我们谁也不在乎这些。马戏团里有小丑、有一个光背的骑士和一个表演空中吊架的演员；还有狗、马和穿着画满彩球外衣的魔术师。过了一会儿，在这样一个萧条时期的落后城镇的黑暗的夜里，我们看到了人类的奇迹——那些技巧娴熟的、多才多艺的、旋转着的、出色的表演者，他们给我们以愉悦、享受和鼓舞。接着，一头大象被领进场来。

它很老了，岁月在它身上刻下了许许多多高低不平的褶皱和印记，使它显得既美丽又可怕。它走进场来，停住脚，用后腿站立着，接受我们的掌声。

"我真希望我能骑骑这头象。"我轻声地说。

"你说什么？"父亲问道。

"没什么，"我说，"它好大，也真好看。"

这时，马戏团的领班大声地说道，"这是苏茜，它喜欢人类，"他故弄玄虚地停了一下，接着说，"我们知道观众当中有些人很想骑骑大象……"

我屏住了呼吸。

"哪一个男孩想骑象，请上前来。"

当四个男孩子冲下看台的时候，人群一阵骚乱，耍象人拉了拉大象的耳朵，它便蹲了下来，领班帮着四个男孩骑到象背上。

我感觉到眼泪在眼眶里打转，但是我咬咬牙齿。当然了，总归得是男孩子，他们什么都能做。他们大笑着，互相紧紧地抓住，骑着苏茜在场上打圈了。我无可奈何地看着，唉，从来就没有人能够做他最想做的事，生活就是这样的。

这时，领班又在讲话了，我没有去听。

"你的机会来了。"父亲说。

"什么？"

"他在叫想骑象的女孩子呢，那不就是你吗？"

我看看父亲，又看看大象，我做不到，那是不可能的。

"快，"他催促我说，"还不太晚。"

"我不行的。"我说。我站不起来，不能走下看台骄傲地坐在苏茜的脊背上。

我会静坐着错过选择的机会，然后面临不可挽回的损失，我将永远后悔；我本可以骑上大象的，最终却没有。我老这样。

但是父亲又说了："站起来，宝贝。那样领班就会看到你了。"他轻轻地推着我站了起来。

"来啊，"领班说，"我知道至少有一个想骑象的小女孩的。"

我双脚麻木地走下看台，跨过表演场地的栅栏，后面跟着另外三个女孩。我站在场地的中央，闻到了锯木屑的芳香，也闻到了苏茜的气息。现在我不是怕大象，也不是怕盯着我看的人群，而是感到我的梦想得以实现的巨大的惊喜。

我们爬到苏茜的身上，她的皮肤很粗糙，在我的光腿下磨来磨去。我抓住面前的鞍具，另一个女孩抱住我的腰。苏茜站了起来，我就坐在那里，高高地坐在大象的背上凌驾于世界之上。

那是我父亲带我去看的最后一场马戏，但是自那以后，没有马戏我也能好好地生活了，因为我已经骑过大象了！从此，每当我遇到一些棘手的事，我总会想起那一时刻：炫目的灯光，吹进帐篷的冷风和那令人痛苦的想法：我不行，太迟了。然后我就会想起父亲的声音和那轻轻地一推，还有领班的话："我知道有一个想骑象的女孩。"

千万别放弃，援助之手就在我们身边

许多人都希望成功，但是往往最后的结果都不如愿。他们之所以不能获得成功，就是因为他们在受挫时，总是一味地向后退，最后，成功也就离他们越来越远了。也就是说，如果你不轻言失败，如果你不轻易放弃，再坚持一会儿，那么成功就会在下一个路口等你。

无名，天地之始；

有名，万物之母。

故常无欲，以观其妙。

"你若今日造访我在加州的办公室，你会注意到房间的另一边摆着一片美丽的旧式西班牙花砖，以及红木制的小吧台，外加9把皮面的高脚椅，不寻常吧？这些皮椅若能说话，它们会告诉你，我也曾有过一段低潮沮丧的日子。"下面就是桃蒂·华特丝的故事。

第二次世界大战结束后，美国经济十分萧条，工作机会难求。我丈夫鲍比原本向人借钱买了间小型的干洗店，收入还足够养活一家四口以及应付汽车、房屋等贷款。后来由于经济继续下滑，我们一下子陷入了拮据的状态。

我想赚钱贴补家用，但我既没上过大学，也没有特殊才能，实在不知道做什么，这时我突然想到高中的英文老师，她鼓励我向新闻方面发展，并指派我担任校刊的编辑，我心想："我可以为本地小型的周报写些《购物指南》之类的专栏，来赚些稿费偿付贷款。"

当时我们把车卖了，更花不起钱请保姆，所以我把两个孩子放在一辆摇摇欲坠的婴儿车里，后面绑个大枕头，一路上，车轮不断倾斜，我只好用鞋跟儿把轮子敲回去，再继续向前走。就在这走走停停的当儿，我更下定决心不让孩子像我一样挨饿受冻。

然而在说明来意后，报社的负责人对我摇摇头："抱歉，经济不景气。"情急之下我想出了个主意，如果让我刊登《购物指南》，我自己负责找广告商，负责人最后同意试用我，但他劝我别抱太大希望，可能他觉得我推着那辆破婴儿车到处找广告商，找上一星期也不会有什么下文，但他们错了！

　　我的做法很奏效，这份收入不但偿还贷款绰绰有余，同时还买下了鲍伯为我找到的一辆二手车。由于工作量增加，我请了位高中女孩来照顾小孩，时间是每天下午3点到5点，3点一到，我便提起报纸，匆匆忙忙出门去会见客户。

　　在某个阴雨的午后，我到客户店里收取广告文案时，却一一遭到拒绝。

　　"为什么？"我焦急地问。

　　原来他们发现瑞塞尔药局的老板卢宾·阿尔曼先生并没有在我的专栏上刊登广告，他的店是本地生意最好的。如果他不肯选择我的刊物，那表示我的广告效果大概不理想。

　　听完之后，我一颗心沉到了谷底，"我的房屋贷款全靠这四个广告客户！"我咬了咬牙，决定再去找阿尔曼先生谈谈，他是个德高望重的人，一定会给我个机会。其实以前我已拜访过他多次，他总是以"外出"或"没时间"等理由拒绝见我。如果他肯跟我合作，那么其他的药商也会跟进的。

　　我战战兢兢地走进阿尔曼先生的药局，见到他在柜台后面忙着。我脸上堆满笑容，手上拿着刊有《购物指南》的报纸，趋前向他表示来意："您的意见一向很受重视，可否请您抽个空，看看我的作品，给我一点指教！"

　　他听了之后，嘴角立刻往下拉，坚决地摆着手说："不必了。"看着他斩钉截铁的表情，我的心情像是瓶子摔到地上，碎了一地的玻璃片，不知如何收拾才好。

　　霎时，我像泄了气的皮球，连爬出店门的力气都没有。我在药局前面的红木小吧台前坐了下来，但我又不好意思白坐，于是我掏出身上最后的一枚硬币，买了杯可乐，茫然地思索下一步该怎么做，难道我的孩子会像我小时候一样总是居无定所吗？难道我真的没有写作天分？莫非我的高中老师看错我了？一想到这些，泪水突然涌上了我的眼眶。

就在此时，我身边传来了一个温柔的声音："为什么事伤心？"我回头一看，一位满头白发的慈祥老人正对着我微笑，我将事情原委告诉了她，最后我叹了一口气说："但阿尔曼先生二话没说就拒绝了我的要求。"

"让我看看那篇《购物指南》，"她接过我手上那份报纸，仔细阅读了一遍，看完后，她从椅子上站了起来，对着柜台那边，中气十足地喊了一声："卢宾，过来一下！"她原来就是阿尔曼太太！

她要阿尔曼先生在我的专栏上刊登广告，接着阿尔曼太太跟我要了先前拒绝我的广告客户电话，然后一家一家打去交代，她告诉我只管去跟他们拿广告文案，其他的都不用担心，出门前，她给了我一个鼓励的拥抱。

阿尔曼夫妇后来不但成为我们忠实的广告客户，同时也是好朋友。我后来才知道，阿尔曼先生其实十分热心，只要有人上门拉广告，他皆来者不拒。阿尔曼太太不希望他滥买广告，所以后来他才对谁都摇头。当时我如果消息灵通的话，就应该先找阿尔曼太太商量。小吧台旁的那番谈话改变了我后来的遭遇，我的广告事业越做越大，后来扩大到 4 家分公司，雇有员工 285 人，负责的广告案件多达 4000 件。

前一阵子阿尔曼先生装修店面，撤走了那个小吧台。我丈夫把吧台买来，摆在我的办公室里。每当有客人光临，我总爱请他们到小吧台旁坐坐，招待他们喝杯可乐，然后提醒他们千万别放弃，援手就在我们四周。

接着我会告诉他们，如果和别人沟通困难，可以多去探听些消息，试着换一种方式，或是通过合适的第三者帮你转达想法。最后我会送上一句玛瑞亚饭店创始人比尔·玛瑞亚的金玉良言：

我永不遭遇过失败，

我所碰到的都是暂时的挫折。

让生命更有价值，这就是福报

多做些好事情，不图回报，还是可以使我们短短的生命变得体面和有价值，这本身就可以算是一种报酬。

汤姆作为佛得角雷斯伊翰湾的守塔人，在这个偏僻的孤岛上已生活了将近四十年。当他还是 20 多岁的小伙子时，就随他捕鱼的伯父来到了这座孤岛上。

汤姆和伯父白天捕鱼，晚上点起篝火，从此，辽阔的大西洋岸边多了一座灯塔。汤姆已记不清楚他和伯父在暴风雨的夜里或是在飓风季节里救起了多少人。那些被救过的人偶尔路过孤岛，总不忘给汤姆叔侄俩捎上点什么，但每次都被他们拒绝了。

不知不觉地叔侄俩在雷斯伊翰湾过了二十年。现在的雷斯伊翰湾少了一个人，添了一座坟墓，但是在汤姆看来，伯父仍陪伴着他。汤姆依旧白天捕鱼，晚上守候在伯父一生中唯一接受别人给予的一台风力发电机旁——雷斯伊翰湾的灯塔不再用篝火了。

十月的雷斯伊翰湾气候格外恶劣，汤姆几乎整夜都醒着。他知

道，每年的海难事故频发季节已经来临。汤姆的小屋外已经是惊涛
骇浪，他一遍遍检查，还给风力发电机的轴承加了润滑油。此时的
小岛像要摇动起来。汤姆从小屋里走出来，像伯父一样敏锐地眺望
大海，海面上黑压压一片，浪头拍打着礁石，发出一阵阵轰鸣声。
突然，汤姆发现远处的海面上有一点亮光，只有萤火虫的亮光那么
大。他立刻意识到什么，迅速爬上灯塔。灯塔里的灯又垫高了很
多，汤姆在废弃的火坑里重新燃起了篝火。远处的亮点越来越大，
渐渐驶向汤姆居住的孤岛，等亮点到近处时，汤姆才发现灯火是从
一艘挪威籍的货轮上发出的。

天亮了，船长约翰带领船员在雷斯伊翰湾做短暂的停留，并打
算给岛上的工作人员送去几吨食品。可当约翰走进岛上汤姆的小屋
时，才发现汤姆的屋子还抵不上他船上的一个集装箱大。

"我要带你离开这里。"约翰感激地对汤姆说。

"为什么？"汤姆问。

"不为什么，我至少能给你每月 2500 美元的薪金。"约翰继
续说。

"十年前，一位像你一样的船长曾答应给我每月 3000 美元的薪
金。"汤姆平静地说。

临别的时刻，约翰紧紧地拥抱了汤姆。

多理解对方，不必顽固坚持

每个人都坚持自己有理，所以你们两人都失去了这笔钱。这样，
你们就得到了一个很好的教训：顽固地坚持自己的想法，而不试图理

解对方，那就会受到损失。

一天，一个商人在大岛边沿着一条公路行走，看到地上有一个小包。他捡起小包，吃惊地发现里面竟有三枚金币，每枚金币值一两黄金。他兴高采烈地准备带着这份意外之财回家去。

这时候，走过来一个散步的人，说这个包是他的，是他掉在这里的，他要求商人把三枚金币还给他。

商人却不以为然，他声称："谁捡到就是谁的。"

两个人都据理力争，吵个没完。他们俩是那样全神贯注，以致不知不觉地调换了他们在争吵中的位置。

金币原来的主人说道："其实，既然我已经丢了，那就丢了呗。"商人则回答："总而言之，我是偶然捡到的，这钱不属于我。"

这样，他们的意见仍然完全相反：一个决意要还钱，一个再也不想要回来了。他们又吵了起来。

"还是请你拿去吧……"

"千万别这样，这钱现在是你的了。"

他们又像起初一样，没完没了地争吵起来，不过彼此互换了角色。

他们不知道如何解决才好，于是便一致决定请第三者裁决——对于他的裁决，他们都将不再表示异议。

于是，他们就去拜访当地最著名的法官。

法官仔细地听取了他们两人的申诉，然后做出了裁决："这三枚你俩都愿意让给对方的金币由官方没收。既然你们都放弃了这笔钱的所有权，那你们是不会反对的。"

这位大法官拿起三枚金币，走进了他的办公室。

　　两个人都待在那里发愣，思索着什么，像是有点后悔似的……这时候，法官回来了，手里拿着两个小包。他又对他们说："你们是那样固执，每个人都坚持自己有理，所以你们两人都失去了这笔钱。这样，你们就得到了一个很好的教训：顽固地坚持自己的想法，而不试图理解对方，那就会受到损失。我也同样得到了一个重大的教训，那就是你们的谦虚和你们的慷慨所给予我的教训。因此，我要给你们每人送一份礼物。"

　　他递给每人一个小包，每个包里都装着两枚金币。

　　大法官从这件事中得出结论说：

　　"你们俩现在拿到的这四枚金币，就是你们带给我的那三枚，再加上我为了感谢你们对我的教育从自己口袋里拿出来的一枚。在这以前，你们每个人都认为自己有三枚金币，后来又都失去了。从现在起，你们每个人都失去了一枚金币，我添上了一枚，因此我也失去了一枚金币。这就使得我们大家都失去了同样的东西：一枚金币。这就是代价，我们三个人为了刚刚受到的教育都付出了同样的代价。"

想尽一切办法"翻越栅栏"

　　这个道理也被他们的生活中无数个类似的情形所证实：当你做出某种果断的举动后，就会把自己置于一种成败未卜的境地，这时你不得不想尽一切办法"翻越栅栏"。

　　一天，汤姆在为教学义卖翻找捐赠品，偶然发现了一个盛着一套模型船原件的盒子。那是多年前一个朋友送给他的，到现在都还没有打开过。

汤姆把盒子拿在手里翻来覆去地看着，脑海里浮现出父亲年轻时所拥有的一艘真船——"迪克西"号。汤姆从未亲眼看见过父亲那艘心爱的船，但他们家的相册里有几张发黄了的照片：父亲站在他的船上，紧挨着舵轮，神气十足。在过去很长时间里，汤姆不知道这只漂亮的白色摩托艇究竟到哪里去了。当汤姆长到十多岁时，有一天父亲极力劝导汤姆做一件他一直逃避不敢干的事情，他说："把你的帽子扔到栅栏那边去。"

"我不明白您的意思。"汤姆回答说。

父亲笑了起来："当你面对一排难于翻越的栅栏时，先把你的帽子扔过去，然后你就不得不想出到达栅栏那边去的办法来。"他一边笑，一边回忆着往事，"我就是采取这样的方式来到芝加哥的。"

父亲在威斯康星州的拉辛市长大。拉辛在芝加哥北面约六十英里处。汤姆曾感到疑惑的是，父亲是如何离开家庭和亲友，只身移居到这个大城市的。

"当时我刚刚二十岁，"他说，"除了那艘船外，我一无所有。一个夏天的早晨，我收拾了几件自己的衣服，驾起'迪克西'向南开去，一直驶进芝加哥的贝尔蒙特港。第二天，我就进城去找工作。工作很难找，我差一点就要放弃梦想，掉转船头回家去。但我将'帽子扔过了栅栏'，"他叹了口气，接着说，"我卖掉了'迪克西'。我要想在芝加哥扎下根，总得有一笔钱。没有了船，我也就没有了退路。"

后来的事汤姆就都知道了：他在爱迪生集团谋到了一份工作；在一个舞会上认识了我的母亲；终于在芝加哥发了迹，过上了富裕的生活。但汤姆尤其不能忘怀的是父亲的经历所给予他的启示：投入才能成功。父亲卖掉了"迪克西"后，他没有别的选择了，只能把全部能力倾注在为自己创造新生活的事业上。这个道理也被他们的生活中无数个类似的情形所证实。当你做出某种果断的举动后，就已把自己置于一种成败未卜的境地，这时你不得不想尽一切办法"翻越栅栏"。

例如，汤姆的妻子贝蒂和汤姆早就想把他们的起居室油漆一下，可就是老拖着不动工。终于贝蒂"把帽子扔过了栅栏"，她说："我已经邀请了一些朋友星期日晚上来我们家吃茶点并参观我们的起居室。"于是家里很快买来油漆，两天后屋子就焕然一新了。

他们房子的前主人为了把卧室的一个窗户改成壁橱，就从外面把窗户封堵了。贝蒂和汤姆念叨了好几年，说要把那面假墙拆除，以改善室内的光线。但这"工程"对于他们来说似乎太艰巨了。后来汤姆的弟弟赫布，一个热心而又会干活的小伙子，来汤姆家拜访时听到了关于窗户的事，他先在假墙上钻了个窟窿以示马上动工的决心。"小菜一碟！"他肯定地说。使汤姆惊讶的是，他说着就麻利地从窟窿处扯下一块墙板来。汤姆和小儿子基特也动手和他一起干。天黑以前，一个雅致而又明亮的窗户再次出现在他们卧室的墙上。完工了，他们才知道这活儿的确很简单，是他们原先想得太复杂了。但如果不是汤姆弟弟替他们"把帽子扔过了栅栏"，这"工程"不知还要拖到何年何月呢。

从不因某件事情难以办到，而失去自信

不是因为有些事情难以做到，我们才失去自信，而是因为我们失去了自信，有些事情才显得难以做到。

2001年5月20日，美国一位名叫乔治·赫伯特的推销员，成功地把一把斧子推销给了小布什总统。布鲁金斯学会得知这一消息，把一个刻有"最伟大的推销员"的金靴子奖颁给了他。这是自1975年以来，该学会的一名学员成功地把一部微型录音机卖给了尼克松之后，又一学员迈过如此高的门槛。

布鲁金斯学会创建于1927年，以培养世界上最杰出的推销员著称于世。它有一个传统：在每期学员毕业时，都设计一道最能体现推销员实力的实习题，让学生去完成。克林顿当政期间，他们出了这么一个题目：请把一条三角裤推销给现任总统。八年间，有无数个学员为此绞尽脑汁，最后都无功而返。克林顿卸任后，布鲁金斯学会把题目改成：请将一把斧子推销给小布什总统。

鉴于前八年的失败与教训，许多学员都知难而退。个别学员甚至认为这道毕业实习题会和克林顿当政时一样毫无结果，因为现在的总统什么都不缺，即使缺什么，也用不着他们亲自购买。再退一步说，即使他们亲自购买，也不一定正赶上你去推销的时候。

然而，乔治·赫伯特却做到了，并且没有花多少工夫。一位记者在采访他的时候，他是这样说的："我认为，把一把斧子推销给小布什总统是完全可能的。因为小布什总统在得克萨斯州有一座农

场，那里长着许多树。于是我给他写了一封信，信中说：'有一次我有幸参观您的农场，发现那里长着许多矢菊树，有些已经死掉，木质已变得松软。我想，您一定需要一把小斧头，但是从您现在的体质来看，这种小斧头显然太轻了，因此您需要一把不甚锋利的老斧头。现在我这儿正好有一把这样的斧头，是我祖父留给我的，很适合砍伐枯树。倘若您有兴趣，请按这封信所留的信箱，给予回复……' 最后他就给我汇来了 15 美元。"

乔治·赫伯特成功后，布鲁金斯学会在表彰他的时候说："金靴子奖已设置了 26 年，在这 26 年间，布鲁金斯学会培养了数以万计的推销员，造就了数以百计的百万富翁，这只金靴子之所以没有授予他们，是因为我们一直想寻找这么一个人——这个人从不因有人说某一目标不能实现而放弃，也从不因某件事情难以办到而失去自信。"

生存的机会是永远存在的

顽强的意志和坚定的信念能够激励一个人顽强地和病魔搏斗，并最终获得胜利，赢得生存的机会。

9 年前，医生告诉怀特·史密斯说，他脑部那个长了十几年的良性肿瘤已骤然变为恶性。他们说那肿瘤无法开刀切除，史密斯大概只可以再活 3 个月。

从医院回到旅馆，史密斯把咖啡厅里的小肉包子吃光。然后他仔细衡量自己的境况：现年 34 岁，正在撰写他写作生涯中第一部重要著作——画家杰克森·波洛克的传记。奇怪的是，虽然在他看来自己的生命才刚过了一半，但令他最难过的不是自己将要英年早逝，而是这部写了一半的书没法完成了。

那天稍晚的时候，史密斯才发觉自己真是个傻瓜。那个坏消息一定搞错了，不是说关于肿瘤的结论错了，错的是那个说他必死的结论，因为那些扫描图他也亲眼看过。

史密斯想："他们说我只可以再活 3 个月，那是什么意思？是不是跟盛牛奶的纸盒上标示的保鲜限期那样？如果我好好保养，能不能多撑些时候？"

史密斯把电视当作镇静剂，治疗他沮丧的情绪。忽然间，他豁然醒悟了。气象预报员面带歉疚的笑容报告说："明天最好把雨伞准备好。"史密斯明白了，他的医生跟气象预报员一样，他们的预测是根据经验做出的，而不是根据铁定的自然规律。气象预报员说"明日有雨"，指的是有 90% 的可能性有雨，仅是可能性而已。

史密斯的肿瘤从一开始就令人莫名其妙。有好长一段时间，医生只能无奈地耸耸肩，说他的肿瘤是"自发的"，意思是"我实在弄不懂你怎么会得这个病"。

后来史密斯才想起，他的病是自己读大学的时候开始的。有一次，他不小心，头撞到了游泳池池底，事后头痛了几天，但除此之外他没别的异常感觉。大约 3 年之后，他的双脚开始隐隐作痛。史密斯去看足疾专科医生，他怀疑史密斯长了摩顿氏神经瘤———一种常常长在妇女脚部的肿瘤。史密斯问医生这病是怎么来的，他耸耸肩说："自发的。"

后来史密斯因为耳痛去看医生，医生无意中找到了罪魁祸首———中耳里的一个小瘤。他开刀切除了肿瘤。他本以为问题就此完全解决了，谁知那竟是多次假痊愈的第一次。

4年后，史密斯觉得眼角有轻微麻木的感觉。这小小的症状有多严重呢？医生替他做了电脑 X 射线分层扫描检查，发现这个"小症状"很严重，原来的肿瘤复生了，而且比以往更大。原先的瘤是楔在耳道里的，现在这个瘤却依偎着脑组织，像母鸡生下的蛋。史密斯又动了一次手术，症状再一次消失了。

又过了4年。这时史密斯已在撰写波洛克的传记。一天，他去参加圣诞节宴会，端起一杯果汁甜酒举到唇边的时候，那深红色的酒竟顺着下巴淌到衬衫上去了。原来他的右脸麻痹了！

几天后，史密斯在旅馆房间里看电视上的气象预报，考虑如何与命运拼搏。同一天，他开始了一个至今尚未停止的学习过程。在动笔写波洛克的传记以前，他和这本书的联合撰写人决定四处采访，广泛搜集资料，设法尽量多了解这位画家。他们找到了各种各样独特有趣的新资料。史密斯想："为什么我不用同样的做法去对付这个致命的怪瘤？"

史密斯计划的第一步是去找寻国内乃至世界上所有善于医治这种病的一流医生。医生所服务的医院是否有名、他们曾就读于什么学校、治疗过哪些名人，他全不计较。他关心的只是：他们是否治疗过这种病。

终于，他找到了这样的医生：弗吉尼亚大学的维恩科·多兰克。经他开刀的病人差不多全部活了下来，史密斯后来也成了其中之一。

手术后几星期，扫描图显示肿瘤缩小了一半，麻痹的右脸也大部分复原了。他继续工作，把波洛克的传记写完，后来还得到普利策传记文学奖。

理想的实现，需要付诸行动

　　发现你的存在是生命的开始，于是，每一时刻都是一个新的发现，每一时刻都带来新的欢乐。

　　安东尼·吉娜是美国纽约百老汇中最负盛名的年轻演员。

　　几年前，吉娜是大学艺术团里的歌剧演员。在一次校际演讲比赛中，她向人们展示了一个最为璀璨的梦想：大学毕业后，先去欧洲旅游一年，然后要在纽约百老汇中，成为一名优秀的主角。

　　当天下午，吉娜的心理学老师找到她，尖锐地问了一句："你今年去百老汇跟毕业后去有什么差别？"吉娜仔细一想："是呀，大学生活并不能帮我争取到在百老汇工作的机会。"于是，吉娜决定一年以后就去百老汇闯荡。

　　这时，老师又冷不丁地问她："你现在去百老汇跟一年以后去百老汇有什么不同？"吉娜苦思冥想了一会儿，对老师说，她决定下学期就出发。老师紧追不舍地问："你下学期去跟今天去，有什么不一样？"吉娜有些眩晕了，想想那个金碧辉煌的舞台和那双在睡梦中萦绕不停的红舞鞋……她终于决定下个月就去百老汇。

　　老师追问："一个月以后去，跟今天去有什么不同？"

　　吉娜激动不已，她情不自禁地说："好，给我一个星期的时间准备一下，我就出发。"老师步步紧逼："所有的生活用品在百老汇都能买到，你一个星期以后去和今天去有什么差别？"

　　吉娜终于双眼盈泪地说："好，我明天就去。"老师赞许地点点头，说："我已经帮你订好明天的机票了。"

第二天，吉娜就飞赴全世界艺术殿堂的巅峰——美国百老汇。当时，百老汇的制片人正在酝酿一部经典剧目，几百名各国艺术家前去应征主角。按当时的应聘步骤，是先挑出十个左右的候选人，然后，让他们每人按剧本的要求演绎一段主角的念白。这意味着应征者要在两轮的艰苦角逐中胜出才能获得角色。

吉娜到了纽约，费尽周折从一个化妆师手里要到了将排的剧本。这以后的两天中，吉娜闭门苦读，悄悄演练。

正式面试那天，吉娜第四十八个出场。制片人要她说说自己的表演经历，吉娜微微一笑，说："我可以给您表演一段原来在学校排演的剧目吗？就一分钟。"制片人首肯了，他不愿让这个热爱艺术的姑娘失望。

制片人听到传进自己耳朵的声音，竟然是将要排演的剧目对白。面前的这个姑娘感情如此真挚，表演惟妙惟肖。他惊呆了，马上通知工作人员结束面试，主角非吉娜莫属。

就这样，吉娜来到纽约的第三天就顺利地进入了百老汇，穿上了她人生的第一双红舞鞋。生活就是这么不可思议，很多人只知道把自己的理想定得比天还高，却从来不肯把理想的实现付诸行动。而吉娜在老师的启发下，撇开了所有的瞻望和等待，大步流星地去投奔了心中艺术的殿堂。

IN THE FUTURE, YOU WILL THANK YOURSELF
FOR WORKING HARD NOW

第三章

撸起袖子，阳光一直都
在你背后

生活的长河中有令人振奋的波峰，也有令人消沉的波谷，当你处于波谷时，鲜花和掌声如潮水般退却，赞美和笑脸与你远离。

　　在所有朋友都无缘相见的日子里，在一个人面临种种挫折和失意的日子里，在汗水将竭、前途迷茫的时候，别太沉溺于无尽的愁苦中，对自己微笑，风雨过后见彩虹！

活在世上，你应抬起头来

亲爱的，你要记住一件事，如果你戴上任何特殊的东西，就应该像没有人比你更有权戴它一样。在这个世界上，你应抬起头来。

同伴们都有了自己的恋人，但是，没有人喜欢害羞的姑娘玛莉。玛莉沿着走廊走着，耷拉着头。从她的样子来看，她的心情很沉重。一块标着"吸引异性物"的招牌挡住了她，招牌后放着一些丝带，周围摆着各式各样的蝴蝶结，牌上写着：各种颜色应有尽有，挑选适合你个性的颜色。

玛莉在那儿站了一会儿，尽管她有勇气戴，但还为她母亲是否会允许她戴上那又大又显眼的蝴蝶结而犹豫不决。是的，这些缎带正是伙伴们经常戴的那种。

"亲爱的，这个对你再合适不过了。"女售货员说。

"噢，不，我不能戴那样的东西。"玛莉回答道，但同时她却渴望戴一条绿色缎带。

女售货员显得惊奇地说："哟，你有这么一头可爱的金发，又有一双漂亮的眼睛，孩子，我看你戴什么都好！"

也许正是售货员的这几句话，让玛莉把那个蝴蝶结戴在了头上。

"不，向前一点儿，"女售货员提醒道，"亲爱的，你要记住一件事，如果你戴上任何特殊的东西，就应该像没有人比你更有权戴它一样。在这个世界上，你应抬起头来。"她用评价的眼光看了看那缎带的位置，赞同地点点头，"很好，哎呀，你看上去无比美丽"。

"这个我买了。"玛莉说。她为自己做出决定时的音调而感到惊奇。

"如果你想要其他在舞会、正规场合穿着的……"售货员继续说着。玛莉摇摇头，付款后向店门口冲去。速度是那么快，以致与一位拿着许多包裹的妇女撞了个满怀，几乎把她撞倒。

过了一会儿，她吓得打了个寒战，因为她感到有人在后边追她，不会是为那缎带吧？真是吓死人了。她向四周看看，听到那个人在喊她，她吓得飞奔起来，一直跑到一条街区才停下来。

出人意料，玛莉眼前正是卡森咖啡馆，她意识到她一直想到这儿来的。

这儿是镇上每个姑娘都知道的地方，因为杰克——大家都喜欢的一个好小伙儿每个星期六下午都在这儿。

他果然在这儿，正坐在卖饮料的柜台旁，倒了一杯咖啡，并不喝掉。"莉妮把他甩了，"玛莉暗想，"她将与其他人去跳舞了。"

玛莉在另一端坐下来，要了一杯咖啡。很快她感觉到，杰克转过身来在望着她，玛莉笔挺地坐着，昂着头，心里想着头上的那个绿色缎带。

"嗨，玛莉！"

"哟，是杰克呀！"玛莉装出惊讶的样子说，"你在这儿多久了？"

"整个一生，"他说，"等待的正是你。"

"奉承！"玛莉说。她为头上的绿色缎带而感到自负。

不一会儿，杰克在她身边坐下，看起来似乎他刚刚才注意到她的存在，问道："你的发型改了还是怎么的？"

"你通常都是这样注意我吗？"

"不，我想的是你昂着头的样子——似乎你认为我应该注意到什么似的。"

玛莉感到脸红起来："这是有意挖苦吧？"

"也许。"他笑着说，"但是，也许我有点喜欢看到你那昂着头的样子。"

大约过了十分钟，杰克邀她去跳舞。当他们离开咖啡馆时，杰克主动要陪她回家。

回到家里，玛莉想在镜子跟前欣赏一下自己戴着绿色缎带的样子，令她惊奇的是，头上什么都没有——后来她才知道，当时在撞到那人时，绿色缎带就被撞掉了……

这个世界上没有什么是不可以改变的

这个世界上没有什么是不可以改变的。美好快乐的事情会改变，痛苦烦恼的事情同样会改变。而改变最多的，竟然是自己。

幸福的丽莎马上就要做新娘了，经过忙碌的婚前准备，现在终于有时间可以停下来歇一歇。环顾着生活了 26 年的房间，丽莎忽然觉得有些陌生起来。视线掠过舒适的床铺、白色的桌椅和插在花瓶里的玫瑰，自己马上就要和这一切告别，到佛罗里达州开始新的生活。忽然，视线落在房间角落的一个纸箱上，那是妈妈前几天从阁楼里找出来的，是丽莎以前的旧物，妈妈让丽莎整理一下，看看是否有需要带走的东西。

打开箱子，一件件儿时的珍藏将丽莎带入过去的美好时光，拾起有些泛黄的日记，透过稚嫩的笔迹，丽莎仿佛看到了少女时代的自己。

"今天的活动课是我一生最痛苦的日子，安妮、贝蒂她们做出的折纸是多么的漂亮，而我的却是那样丑陋，全班同学一定都在嘲笑我，最喜欢我的史密斯小姐也会对我失望的，我再也不想去上学了。"

看到这里，丽莎忍不住笑了。她不记得第二天有没有去上学。但史密斯小姐可是一如既往地喜爱着自己，而且，与长大后所经历的失败与痛苦相比，这简直不值一提。

翻过这一页，继续往下看：

"我非常难过，凯瑟琳再也不是我最好的朋友了。再也不是了！"

丽莎有些吃惊，努力回想当年，到底是因为什么事和凯瑟琳发生争吵，以致到要绝交的地步，却怎么也想不起来。丽莎轻舒一口气，算了，反正婚礼那天凯瑟琳是自己的伴娘这件事，是绝不会改变的。

又向后翻了几页，都是些当时"十分难受""非常伤心"或是"特别难忘"的事，但很多事早已被淡忘。

丽莎又发现日记本里夹着的一个信封，打开信纸，开头写着："给我最爱的人！你的爱将伴我一生，我的爱，也永远不会改变！"看到这一句，丽莎眼前浮现出一个男孩儿的身影，他交给自己这封信时的情景仿佛还历历在目，曾经也以为他就是自己生命的全部，可是现在呢？丽莎只知道他的爱没有伴自己一生，自己的爱也早已改变。

经历了不算太多但也不少的事，丽莎早已明白，这个世界上没有什么是不可以改变的。美好快乐的事情会改变，痛苦烦恼的事情同样会改变。很多年后再回想从前，就会发现很多事情都已改变，而改变最多的，竟然是自己。

整理好旧物，丽莎向进来的妈妈一笑："我已经准备好了，我会幸福的！"

对于一颗坚定的心来讲，没有什么是不可能的

贝纳特牧师让我们这些穷人的孩子明白：有着眼睛、鼻子、耳朵、大脑和手脚的人更是有无数种用途，并且任何一种用途都足以使我们生存下去。对于一颗坚定的心来讲，没有什么是不可能的。

纽约里士满有一所穷人学校，它是贝纳特牧师在经济大萧条时期创办的。1983年，一位名叫普热罗夫的捷克籍法学博士，在做毕业论文时发现，50多年来，该校出来的学生在纽约警察局的犯罪记录最低。

为延长在美国的居住期，他突发奇想，上书纽约市市长布隆伯格，要求得到一笔基金，以便就这一课题开展深入调查。当时布隆伯格正因纽约的犯罪率居高不下受到选民的责备，于是很快就同意了普热罗夫的请求，给他提供了1.5万美元的经费。

普热罗夫凭借这笔钱，展开了漫长的调查活动。从7岁的学童到80岁的老人，从贝纳特牧师的亲属到在校的老师，总之，凡是在该校学习和工作过的人，只要能打听到他们的住址或信箱，他都要

给他们寄去一份调查表，问：圣·贝纳特学院教会了你什么？在将近 6 年的时间里，他共收到 3700 多份答卷。在这些答卷中，有 74% 的人回答，他们知道了一支铅笔有多少种用途。

普热罗夫并不是真的想搞清楚这些没有进过监狱的人到底在该校学了些什么，他真正的意图是以此拖延在美国的时间，以便找一份与法学有关的工作。然而，当他看到这个奇怪的答案时，再也顾不了那么多了，决定马上进行研究，哪怕报告出来后被立即赶回捷克。

普热罗夫首先走访了纽约市最大的一家皮货商店的老板，老板说："是的，贝纳特牧师教会了我们一支铅笔有多少种用途。我们入学的第一篇作文就是这个题目。起初，我认为铅笔只有一种用途，那就是写字。谁知铅笔不仅能用来写字，必要时还能用来做尺子画线、能作为礼品送人表示友爱、能当商品出售获得利润；铅笔的芯磨成粉后可做润滑粉，演出时也可临时用于化妆；削下的木屑可以做成装饰画；一支铅笔按相等的比例锯成若干份，可以做成一副象棋，可以当作玩具的轮子；在野外有险情时，铅笔抽掉芯还能被当作吸管喝石缝中的水；在遇到坏人时，削尖的铅笔还能作为自卫的武器……总之，一支铅笔有无数种用途。

贝纳特牧师让我们这些穷人的孩子明白，有着眼睛、鼻子、耳朵、大脑和手脚的人更是有无数种用途，并且任何一种用途都足以使我们生存下去。我原来是个电车司机，后来失业了。现在，你看，我是一位皮货商。"

普热罗夫后来又采访了一些圣·贝纳特学院毕业的学生，发现无论贵贱，他们都有一份职业，并且都生活得非常乐观。而且，他们都能说出一支铅笔的至少 20 种用途。

普热罗夫再也按捺不住这一调查给他带来的兴奋。调查一结束，他就放弃了在美国寻找律师工作的想法，匆匆赶回国内。

后来，他成为捷克最大的一家网络公司的总裁。

有一两个人赏识就足够了

他在当天的旅行日记中这样写道：这一片公爵兰，有这一窝野蜂不就够了吗？还有什么可遗憾的呢？世界上奇绝的景色，有一两个探险家走近过、目睹过，不也就行了吗？

挪威有一位叫威廉姆斯的探险家，从二十岁开始环球旅行。四十年后，几乎走遍了世界上所有著名的荒漠、丛林和深山峡谷。

1982 年，在结束南非裂谷带的探险后，记者曾问他有何感想。他说，我始终有两大遗憾：一是为世人遗憾，地球上有那么多瑰丽的景色，世人竟不得一睹；二是为景色遗憾，它们那么壮观美丽，而不为世人所知。

1991 年，他到新西兰的斯奈尔斯岛，这次旅行彻底改变了他的这种心态。

斯奈尔斯是新西兰南部的一个小岛，面积 6.7 平方公里，由于远离新西兰本土，终年人迹罕至。威廉姆斯踏上这座小岛，发现这里竟生长着成片的公爵兰。这种兰，花姿奇秀、香味馥郁，在挪威乃至整个欧洲都被列为群芳之冠。看到这些兰花，他想，这些名贵珍稀的花卉如果在欧洲早就被呵护着去装点总统套房了，可是在这儿它们却寂寞地生长着，几百年甚至上千年都无人知晓。

正当惋惜之情再一次从心底升起时，不经意间，他发现一座小山崖上有一窝野蜂，它们正忙碌着，把兰花上的花粉和蜜带回蜂巢。威廉姆斯看着眼前的情景，迷惑好像一下子被解开了。他在当天的旅行日记中这样写道：这一片公爵兰，有这一窝野蜂不就够了吗？还有什么可遗憾的呢？世界上奇绝的景色，有一两个探险家走近过、目睹过，不也就行了吗？

威廉姆斯的大部分时间是在野外度过的，他对大自然有许多超乎寻常的感悟。当我坐在书桌旁，合上他那本游记时，似乎觉得尘世中的一些迷惑也开始雾尽天朗。一些有才华的人默默无闻，这又有什么可遗憾的呢？威廉姆斯的发现告诉我们：一个人的才华没有必要在所有的人面前显露，在这个世界上，有一两个人赏识也就足够了。

专心致志下苦功，才能得正果

学习任何技艺，都不能只满足于简单操作和表面上的熟练，而是要花大气力，下苦功，深究其理，矢志不渝。只有这样，才有可能达到炉火纯青的境界。

古时候有个善于弹琴的乐师名叫师襄，据说在他弹琴的时候，鸟儿能踏着节拍飞舞，鱼儿也会随着韵律跳跃。

郑国的师文听说了这件事后，十分向往，于是离家出走，来到鲁国拜师襄为师。师襄手把手地教他调弦定音，可是他的手指太僵硬，学了三年，竟弹不成一个乐章。师襄无法可想，只好说："你太缺乏悟性，恐怕很难学会弹琴，你还是回家吧。"

师文放下琴后，叹了口气，说："我并不是不能调好弦、定准音，也不是不会弹奏完整的乐章，然而我所关注的并非只是调弦，我所向往的也不仅仅是音调节律。我真正追求的是用琴声来宣泄我内心复杂而难以表达的情感啊，在我尚不能准确地把握情感，并且用琴声与之相呼应的时候，我暂时还不敢放手去拨弄琴弦。因此，请老师再给我一些时日，看是否能有长进！"

果然，过了一段时间后，师文又去拜见他的老师师襄。师襄问："你的琴现在弹得怎样啦？"

师文胸有成竹地说："稍微摸到了一点儿门道，请让我试弹一曲吧。"

于是，师文开始拨弄琴弦。他首先奏响了属于金音的商弦，使之发出代表八月的南吕乐律，只觉琴声挟着凉爽的秋风拂面，似乎草木都要成熟结果了。

他又拨动了属于木音的角弦，使之发出代表二月的夹钟乐律，随之又好像有温暖的春风在耳畔回荡，顿时花红柳绿，好一派春意盎然的景色。

接着，师文奏响了属于水音的羽弦，使之发出代表十一月的黄钟乐律，不一会儿，竟使人感到霜雪交加、江河封冻，一派肃杀景象如在眼前。

再往下，他叩响了属于火音的徵弦，使之发出代表五月的蕤宾乐律，又使人仿佛见到了骄阳似火、坚冰消释。

在乐曲将终之际，师文又奏响了五音之首的宫弦，使之与商、角、徵、羽四弦产生和鸣，顿时在四周便有南风轻拂，祥云缭绕，恰似甘露从天而降，清泉于地喷涌。

这时，早已听得如痴如醉的师襄忍不住双手抚胸，兴奋异常，当面称赞师文说："你的琴真是演奏得太美妙了！即使是晋国的师旷弹奏的清角之曲、齐国的邹衍吹奏的律管之音，也无法与你这令人着迷的琴声相媲美呀！他们如果能来此地，我想他们一定会带上自己的琴瑟管箫，跟在你的后面当学生的！"

找寻自我，做自己的圣人

"董事长先生，一路上我处处留意，但直至山顶，我发现，除我之外，根本没有什么圣人。"贝里奇说："你说得很对，除你之外，根本没有什么圣人。因为，你自己就是你自己的圣人。"

1947 年，美孚石油公司董事长贝里奇到开普敦巡视工作，在卫生间里，看到一位黑人小伙子正跪在地上擦洗污黑的水渍，并且每擦一下，就虔诚地叩一下头。贝里奇对此感到很奇怪，问他为什么要这样做，黑人答道："我在感谢一位圣人。"

贝里奇好奇地问他："为什么要感谢那位圣人？"小伙子说："是他帮助我找到了这份工作，让我终于有了饭吃。"贝里奇笑了，说："我曾经也遇到一位圣人，他使我成了美孚石油公司的董事长，你想见他一下吗？"小伙子说："我是个孤儿，被锡克教会养大，我一直都想报答养育过我的人。如果这位圣人能让我吃饱之后，还有余钱，我很愿意去拜访他。"

贝里奇说："你一定知道，南非有一座有名的山，叫大温特胡克山。据我所知，那上面住着一位圣人，他能给人指点迷津，凡是遇到他的人都会有很好的前途。二十年前，我到南非时登上过那座山，正巧遇上他，并得到他的指点。如果你愿意去拜访他，我可以向你的经理说情，准你一个月的假。"

这位年轻的小伙子是个虔诚的锡克教徒，很相信神，他谢过贝里奇后就真的上路了。30天的时间里，他一路披荆斩棘，风餐露宿，终于登上了白雪皑皑的大温特胡克山。然而，他在山顶徘徊了一整天，除了自己，没有遇到任何人。

黑人小伙子很失望地回来了。他见到贝里奇后说的第一句话是："董事长先生，一路上我处处留意，但直至山顶，我发现，除我之外，根本没有什么圣人。"贝里奇说："你说得很对，除你之外，根本没有什么圣人。因为，你自己就是你自己的圣人。"

20年后，这位黑人小伙子成了美孚石油公司开普敦分公司的总经理，他的名字叫贾姆纳。他以美孚石油公司代表的名义参加了世界经济论坛峰会。在面对众多记者的提问时，关于自己传奇的一生，他说了这么一句话"你发现自己的那一天，就是你遇到圣人的时候。"

一生中最珍贵的东西就是梦想

梦想是一笔无价的财富，有了梦想，人生才有了目标，生活才会多姿多彩。所以不要出卖自己的梦想，正视它，直到梦想成为现实。

芝加哥市一位名叫赛尼·史密斯的中年男子，向当地法院递交了一份诉状，要求赎回自己去埃及旅行的权利。因为它涉及的内容非同寻常，所以立即引起了人们极大的关注。

事情发生在四十年前，当时赛尼·史密斯只有六岁，在威灵顿小学读一年级。有一天，品德课老师玛丽·安小姐给学生们布置作业，让大家说出自己未来的梦想，全班二十四名同学都非常积极和踊跃，尤其是赛尼，他一口气就说了两个：一个是拥有一头属于自己的小母牛，另一个是去埃及旅行。

当玛丽·安小姐问到一个名叫杰米的男孩时，他一下子没想出自己未来的梦想，因为他所想到的，别人都说了。为了让杰米也拥有一个自己的梦想，玛丽·安小姐建议杰米向同学购买一个。于是，在老师的见证下，杰米就用 3 美分向拥有两个梦想的赛尼买了一个。由于赛尼当时太想拥有一头自己的小母牛了，于是就把第二个梦想——"去埃及旅行"卖给了杰米。

四十年过去了，赛尼·史密斯已步入中年，并且在商界小有成就。四十年来，他去过很多地方，如瑞典、丹麦、希腊、沙特、中国、日本，然而他从来没有去过埃及。难道他没想过去埃及吗？不，他想过。他说，自从卖掉去埃及的梦想之后，他就从来没忘记过这个梦想。但是，作为一个虔诚的基督徒，他不能去埃及，因为他已经把这个梦想卖掉了。

现在，他和妻子打算到非洲去旅行，在设计旅行线路时，妻子提议埃及的金字塔是重点观光项目。赛尼·史密斯忍无可忍了，他决定赎回那个梦想，因为他觉得只有这样，他才能心安理得地踏上那片土地。

令人遗憾的是，赛尼·史密斯没能如愿以偿。经联邦法院判决，那个梦想已经价值 3000 万美元，赛尼·史密斯要想赎回它必然倾家荡产。其中的缘由，从杰米的答辩状中可以略知一二。

杰米是这样说的："在我接到史密斯先生的律师送达的副本时，

我正在打点行装，准备全家一起去埃及，这好像是我一口回绝史密斯先生要求赎回那个梦想的理由。其实，真正的理由不是我们正准备去埃及，而是这个梦想本身的价值。"

"小时候我是个穷孩子，穷到不敢拥有自己的梦想。然而，自从我在玛丽·安小姐的鼓励下，用3美分从史密斯先生那里购买了这个梦想之后，我彻底改变了。我的心灵变得富有了，我不再淘气，不再散漫，不再浪费自己的光阴，我的学习有了很大进步。我之所以能考上华盛顿大学，我想完全得益于这个梦想，因为我想去埃及。"

"我的儿子正在斯坦福大学读书，我想也是得益于这个梦想，因为从小我就告诉他，我有一个梦想，那就是去埃及，如果你能获得好的成绩，我就带你去那个美丽的地方。我想他就是在埃及金字塔的召唤下，走入斯坦福大学的。现在我在芝加哥拥有6家超市，总价值超过2500万美元。我想，如果没有那个去埃及旅行的梦想，我是绝对不会拥有这些财富的。"

"尊敬的法官和陪审团的各位女士们、先生们，我想，假如这个梦想属于你们，你们也一定会认为它已经融入你们的生命之中，和你们的生活、你们的命运紧密相连。你们也一定会认为，这个梦想就是你们的无价之宝。"

要花3000万美元赎回一个以3美分卖出去的梦想，在有些人看来也许没有必要，或者说根本不值得。然而，赛尼·史密斯却发誓说，哪怕花两个3000万，也要将那个梦想赎回。因为，现在他才明白，人的一生中最珍贵的东西就是——梦想。

把握住现在，才能把握住未来

若是爱千古，应该爱现在。昨日不能唤回来，明天还是不在，能把握的，只有今日的现在。

一位哲学家途经荒漠，看到很久以前的一座城池的废墟。岁月已经让这个城池变得满目疮痍了，但仔细看却依然能辨析出昔日辉煌的风采。哲学家想在此休息一下，他随手搬过来一个石雕坐下。

他点燃一支烟，望着被历史淘汰了的城垣，想象着曾经发生过的故事，不由得感叹了一声。

忽然，有人说："先生，你感叹什么呀？"

他四下里望了望，却没有人，他疑惑起来。那声音又响起来，他端详那个石雕，发现那原来是一尊"双面神"神像。

他没有见过"双面神"，所以就奇怪地问："你为什么会有两副面孔呢？"

双面神回答说："有了两副面孔，我才能一面察看过去，牢牢地记取曾经的教训；一面瞻望未来，去憧憬无限美好的蓝图。"

哲学家说："过去的只能是现在的逝去，再也无法留住，而未来又是现在的延续，是你现在无法得到的。你不把现在放在眼里，即使你能对过去了如指掌，对未来洞察先知，又有什么具体的实在意义呢？"

双面神听了哲学家的话，不由得痛哭起来，他说："先生啊，听了你的话，我至今才明白，我今天落得如此下场的根源。"

哲学家问："为什么？"

双面神说："很久以前，我驻守这座城时，自诩能够一面察看过去，一面瞻望未来，却唯独没有好好地把握住现在，结果，这座城池被敌人攻陷了，美丽的辉煌都化为过眼云烟，我也被人们弃于废墟中了。"

适时退出，也不失为明智的选择

人生就像一次没有指南针的远航，偶尔的迷路总是在所难免的。优秀的船长会不断地纠正自己的方向，而失败的船长却总是固执于一条错误的航线。

四十二岁的华特是某科技公司的业务总监，五年的从业经历，他都是在很大的压力中度过的，以致体重增加了四十五磅，还得了高血压。可喜的是，他的工作还算顺利。最近，他在高级住宅区买了房子，妻子也辞了工作，打算做个称职的家庭主妇，儿子也争气，进了当地一所著名的大学。一切都顺风顺水，华特可谓是春风得意。

然而一夜之间，事情发生了巨大的变化。他所在的公司资产重组，一批骨干人员遭到了清洗，不幸的是，华特也在被清洗名单内，危机感笼罩在他心头。

三个月后，华特找到了新工作，一家科技公司聘用他担任业务总监，总的来说，还算幸运。他想：新的工作内容和以前差不多，而且新公司规模比较小，工作压力也许会小一些，然而实际情况却大大出乎他的意料。

很快地，华特发现，虽然是新环境，面对新的面孔，自己仍然感到窒息，烦琐的公文和会议可以把他活埋了。他终于明白，自己过去的那套管理方法需要改革，甚至说，一切都需要推翻重来。

新的工作干了还不到两年，华特便迫不及待地辞职了。人们都以为华特疯了，但他自己心中有数，如果不赶紧脱身，就不可能放手一搏，那么更多的时间将被浪费掉。他说："紧急刹车的确会损坏汽车，但总比一头栽下悬崖要好一些。"

从繁重的工作中解脱出来，华特开始真正地思考，他想明白了自己到底需要怎样的事业，自己到底喜欢什么样的工作，想做什么样的事。

"我的路要靠自己来选择。"华特说，"在第一家公司，我只是侥幸当上业务总监。我原本是网站工程师，人力资源部门的主管是我的朋友，我们常常待在一起，有一天业务总监的职位空缺，他便让我顶上了。"

吸引华特的，是业务总监的薪资以及权威，但他对管理根本不感兴趣。多年以后，华特终于明白，只有创意才能带给他最大的成就感，这使他下定决心当一名自由工作者。"也许别人会因此认为我是一个失败者，这可是个不好的名声，但我只犹豫了一会儿，我觉得每个人成功的方式都各不相同。"华特的新事业非常顺利，他获得了前所未有的快乐。和过去担任业务总监的时候相比，他现在更加健康，更加具有创造力。他说："坚持到底的确需要勇气，但是适时退出也不失为明智的选择。"

选择自己的路，没人会对你负责

唯有自己才知道自己真正想做什么，适合做什么，能做成什么。而且选择自己的道路，是你最基本的权利。

迈克在求学方面一直遭受失败与打击，高中未毕业时，校长对他的母亲说："迈克或许并不适合读书，他的理解能力差得让人无法接受，他甚至弄不懂两位数以上的计算。"

母亲很伤心，她把迈克领回家，准备靠自己的力量把他培养成才。可是迈克对读书不感兴趣，为了安慰母亲，他也试着努力学习，但是不行，他无论如何都记不住那些需要记忆的知识。

一天，迈克路过一家正在装修的超市时，发现有一个人正在超市门前雕刻一件艺术品。迈克产生了兴趣，他凑上前去，好奇而又用心地观赏起来。

不久，母亲发现迈克只要看到材料，包括木头、石头等，必定会认真而仔细地按照自己的想法去打磨和塑造它，直到它的形状让他满意为止。母亲很着急，她不希望他因玩弄这些东西而耽误学习。迈克不得不听从母亲的吩咐继续读书，但同时又不放弃自己的爱好，他一直在想如何做到更好。迈克最终还是让母亲彻底失望了，没有一所大学愿意录取他，哪怕是本地并不出名的学院。母亲对迈克说："你走自己的路吧，没有人会再对你负责，因为你已长大！"

迈克知道他在母亲眼中是一个彻底的失败者，他很难过，决定远走他乡去寻找自己的事业。

许多年后，市政府为了纪念一位名人，决定在门前的广场上放置名人的雕像。众多的雕塑大师纷纷献上自己的作品，以期自己的大名能与名人联系在一起，这将是难得的荣耀和成功。

最终一位远道而来的雕塑师获得了市政府及专家们的认可。在开幕式上，这位雕塑大师说："我想把这座雕塑献给我的母亲，因为我读书时没有获得她期望中的成功，我的失败令她伤心失望。现在我要告诉她，大学里没有我的位置，但生活中总会有我的一个位置，而且是成功的位置，希望今天的我没有让她再次失望。"

这个人当然就是迈克。在人群中，迈克的母亲喜极而泣，她知道迈克并不笨，当年是她没有把他放对位置而已。

一句问候，挽救一条生命

每天早上，只要他碰见这个年轻人，他仍然会给这个一脸冷漠的年轻人道一声早安。终于，年轻人被传教士的热情打动……

20世纪30年代，在德国乡间的一条土路上，每天早晨都有一位犹太传教士按时到那里去散步，他总是会热情地向见到的每个人打一声招呼："早上好。"

那时，当地居民对传教士和犹太人的态度是很不友好的，他们对犹太人有一种偏见，觉得犹太人自私狭隘、精于算计，整天都在想着怎么从别人的口袋里把钱掏走。其中，有一个叫米勒的年轻农民，对传教士的这声问候，反应十分冷淡，多数时候都充耳不闻，当然也不会有什么回应。然而，年轻人的冷淡，丝毫没有改变传教士的热情。每天早上，只要他碰见这个年轻人，他仍然会给这个一脸冷漠的年轻人道一声早安。终于，年轻人被传教士的热情打动了。一天早上，传教士又像往常一样跟他问好，他脱下帽子，礼貌地向传教士道了一声："早安。"就这样，只要他们两人碰面，都会很友好地互打招呼，有时甚至是年轻人主动问好，直到后来这个年轻人离开了村庄到外地去谋生。

几年后，德国的政治形势发生了巨大变化，纳粹党上台执政。犹太人遭到了前所未有的厄运，他们被集体屠杀或者驱逐出境，或者被关进集中营送往矿山做苦力。这场灾难就像瘟疫一样迅速蔓延到德国全境。

不久之后，这场"瘟疫"也降临到了传教士所在的村子。这一天，纳粹党派来许多部队将村庄团团包围。把包括传教士在内的全村的犹太人集中起来，押上火车，送往集中营。几天之后，火车在一个深山里停下了。犹太人被黑洞洞的枪口威逼着下了火车，列队前行。传教士远远地看到，前面有一个指挥官手拿指挥棒，在向人群不住地挥舞着，叫道："左，右。"被指向左边的人将会被集体屠杀，被指向右边的人则还有生还的希望。

队伍缓慢地前进着，传教士也在里面。他浑身哆嗦着，心里怕得要命。他看着前面的纳粹指挥官，不知道这些人将会如何处置他。离纳粹指挥官近了些，这时，传教士觉得指挥官的脸好像在哪里见过。他努力地辨认了一会儿，终于看清了：原来这个指挥官就是当年的年轻农民——米勒先生。传教士顿时平静下来了。轮到传教士的名字被这位指挥官点到了，他走到指挥官跟前，轻轻地说："早上好，米勒先生。"

米勒突然听到这句话，不觉一愣。他马上认出了眼前的这个人就是当年总是向他问好的传教士。他的面部虽然没有过多的表情变化，但仍习惯性地回了一句问候："早安。"声音低得只有他们两人才能听到。米勒看着传教士，脸上泛起微微的笑意，他顿了顿，举起手中的指挥棒，朝着右边喊了一声："右！"

不能在高傲的人面前低下头颅

他确实聪明，也确实肯下功夫，不过还有一种力量比知识或苦工来得更为重要，那就是他那种想超过戏弄他的人的野心。

拿破仑的父亲是一个极高傲却又穷困的科西嘉贵族。父亲把拿破仑送进了列布纳的一个贵族学校，在这里学习的都是一些在他面前极力夸耀自己富有，而讥讽他穷苦的学生。这种一致讥讽他的行为，虽然引起了他的愤怒，但他却只能忍气吞声，屈服在威势之下。

后来实在忍不住了，拿破仑写信给父亲，说道："为了忍受这些外国孩子的嘲笑，我实在疲于解释我的贫困了，他们唯一高于我的便是金钱，至于说到高尚的思想，他们是远在我之下的。难道我应当在这些富有、高傲的人面前谦卑下去吗？"

"我们没有钱，但是你必须在那里读书。"这是他父亲的回答，因此使他忍受了五年的痛苦。但是每一种嘲笑、每一种欺侮、每一种轻视的态度，都使他增加了决心，发誓要做给他们看看，他确实是高于他们的人。他是如何做的呢？这当然不是一件容易的事，他一点也不表现出来，他只在心里暗暗计划，决定利用这些没有头脑却傲慢的人作为桥梁，去使自己得到技能、财富和名誉。

等他到部队时，看见他的同伴正在用闲暇的时间追求女人和赌博。而他那不受人喜欢的体格使他决定改变方针，用埋头读书的方法，去努力和他们竞争。读书是和呼吸一样自由的。

因为他可以不花钱在图书馆里借书读，这使他得到了很大的收获。他并不是读没有意义的书，也不是以读书来消除自己的烦恼，而是为自己将来的理想做准备。他下定决心要让全天下的人知道自己的才华。因此，在他选择图书时，也就是以这种决心为选择范围。他住在一个既小又闷的房间内。在这里，他面无血色，孤寂，沉闷，但是他却不停地读下去。他想象自己是一个总司令，将科西嘉岛的地图画出来，地图上清楚地指出哪些地方应当布置防范，这是用数学的方法精确地计算出来的。因此，他数学的成绩获得了提高，这使他第一次有机会表示他能做什么。

拿破仑的长官看见他的学问很好，便派他在操练场上执行一些任务，这是需要极复杂的计算能力的。他的工作做得极好，于是他又获得了新的机会，拿破仑开始走上有权势的道路了。这时，一切的情形都改变了。从前嘲笑他的人，现在都涌到他面前来，想分享一点他的奖励金；从前轻视他的，现在都希望成为他的朋友；从前揶揄他是一个矮小、无用、死用功的人，现在也都开始尊重他。他们都变成了他的拥戴者。

难道这是天才所造成的奇异改变吗？抑或是因为他不停地工作而得到的成功呢？他确实聪明，也确实肯下功夫，不过还有一种力量比知识或苦工来得更为重要，那就是他那种想超过戏弄他的人的野心。

假使他那些同学没有嘲笑他的贫困，假使他的父亲允许他退出学校，他就不会感觉那么难堪。他之所以成为这么伟大的人物，完

全是由他不幸的一切造成的。他学到了通过克服自己的缺憾而得到
胜利的秘诀。

不要害怕去做那些"做不了的事情"

　　一个想象力丰富，有洞察力，有进取心，敢想敢做的人，不论在
什么环境下，都容易获得自己想要的一切。

　　斯帕克是一位年轻的艺术家，美国经济大萧条最严重时住在
多伦多，全家靠救济过日子，那段时间他急需要用钱。斯帕克精于
木炭画。他画得虽好，但时局太糟了，他怎样才能发挥自己的潜能
呢？在那种艰苦的日子里，哪有人愿意买一个无名小卒的画呢？

　　斯帕克可以画他的邻居和朋友，但他们也一样身无分文。唯一
可能的市场是在有钱人那里，但谁是有钱人呢？他怎样才能接近他
们呢？

　　斯帕克苦苦思索，最后他来到多伦多《环球邮政》报社资料
室，从那里借了一份画册，其中有加拿大的一家银行总裁的肖像。
斯帕克灵机一动，决定在这上面"做点文章"。回到家里，他便开
始画起来。

　　斯帕克画完了肖像，放在相框里。画得不错，对此他很自信。
但怎样才能把画交给对方呢？

　　他在商界没有朋友，所以想得到引见是不可能的。他也知道，
如果想办法与他约会，肯定会被拒绝。写信要求见他，但这种信可
能通不过这位大人物的秘书那一关。斯帕克对人性略知一二，他知
道，要想穿过总裁周围的层层阻挡，他必须投其对名利的爱好。

他决定另辟蹊径，采用独特的方法去试一试。他想：即使失败也比主动放弃强！

斯帕克梳好头发，穿上自己最好的衣服，来到了总裁的办公室。

斯帕克提出要见见总裁的要求，秘书告诉他：如果没有事先约好，想见总裁是不太可能的。

"真糟糕，"斯帕克说，同时把画的保护纸揭开，"我只是想拿这个给他瞧瞧。"秘书看了看画，把它接了过去，犹豫了一会儿后说道："坐下等会儿，我去通知总裁一声。"

她马上就回来了。"他想见你。"她说。

当斯帕克进去时，总裁正在欣赏那幅画。"你画得棒极了，"他说，"这张画你想要多少钱？"斯帕克舒了一口气，告诉他他要50美元，结果成交了——那时的50美元约相当于现在的1000美元。

保留坦诚的态度和刚直不阿的勇气

不管遇到什么样的挫折，都绝不要让别人禁止你独立思考！为了获得这种勇气，你一定要培养自己坦诚、正直的人格。

电动机工业大厂的培训部主任梅尔瓦因师傅对学徒有敏锐的嗅觉，能在为数众多的应试者中嗅出他所需要的人。他择优录取的方法简单而迅速有效。反正他总能想出一些新招来选出他所想要的人。

现在正有一批年轻小伙子等在他的门前，他们穿着厂子借给他们的装配工工装。弗兰茨·贝尔纳，一个十七岁的中学生就站在他们中间，他的父亲在战争中阵亡。他是唯一一位拿不出介绍信的人。

当他们敲梅尔瓦因先生办公室门的时候，培训部主任正坐在自己的写字台边喝咖啡。小青年们敲了半天门，得不到回音，可他们是被特意派到这儿来的。他们无可奈何，面面相觑，便又贴门倾听，毫无声息！于是弗兰茨·贝尔纳壮起胆子说道："没准他没听见，我再敲一下试试！"

其他青年耸耸肩头。他敲敲门，屋子里传来一句恼怒的骂声。

"他说什么？"这时弗兰茨也没把握了。"好像是说'进来吧'。"另一个人答道。于是弗兰茨按动门把手，门开了一条缝。小青年们都站在门框里。

"一群老脸皮厚的东西！我说了不要打扰我，你们没有耳朵？"写字台旁传来了愤怒的吼声。小青年们不由自主地往后退缩了一下。

"嗯，怎么不吭气了？快说呀！"

弗兰茨往前跨了一步："是人家派我们来的，请您原谅。我们还以为，您是让我们进来呢。"

"噢？是谁派你们来的？你们就没学会等一等？给我滚到外面去等着！你们没看见我在忙？"

门"砰"的一声关上了。

好半天以后他们被允许进去。这时这位凶神已显得有些人情味了。他的提问简短而精当，而回答也得这样。"你们懂得了刚才的教训了吗？"他忽然问道。小青年们嗫嚅地嘀咕了点什么。

小青年们显得有点惶惑。

"你们说呀！"

一个人答道："当然是您做得对！"

梅尔瓦因师傅的面孔深不可测。他严厉地盯住弗兰茨："你是怎么看的？"

这位青年坚定地答道："我不这么认为！"

"噢？那你的看法呢？"

"我们不是想打扰您。我们只是没听明白您的话，我们还以为您是叫我们进来呢。"

"你大概是这么想的，对么？"

"是的，我是这么想的。"

"孩子，你要记住这一点：要想，你还是让马去想吧，马的脑袋可比你的大得多！"青年的脸"唰"地一下涨得通红，他的牙齿紧紧地咬住下唇。其他的应考者笑了起来，笑声里既有一点讨好的意味，又有一点幸灾乐祸的意味。

梅尔瓦因先生仍然毫不留情地问："我说得不对？"

"不对，我绝不让人禁止我的思想！"

"噢，那好，这个问题咱们再谈谈。别的人都可以走了，过后你们会接到通知的。这位'思想家'还要在这里多留一会儿！"

报考学徒工的这些人鞠了一个完美的大躬，离去了。他们那放肆的笑声对弗兰茨来说意味深长，这位经验丰富的培训部主任也是再清楚不过的了。

门刚刚从他们身后关上，梅尔瓦因先生就拍拍弗兰茨的肩膀："好样儿的，孩子！好好保留着你这种坦诚的态度和刚直不阿的勇气！这对你的一生都会有用的。"

弗兰茨难以置信地盯着这位男子，培训部主任笑道："你被录取了！复活节后就开始来我们这儿干吧！你永远也别失去自己的勇气！"

他凭着坚强的意志，跑出了最好的成绩

一个被火烧伤下半身的孩子，原本逃不过死神的召唤，原本一辈子都无法走路跑步，但他凭着坚强的意志，跑出了最好的成绩。

一所位于偏远地区的小学校由于设备不足，每到冬季便要利用老式的烧煤锅炉来取暖。有个小男孩每天都提早来到学校，将锅炉打开，好让老师同学们一进教室就能享受到暖气。

但有一天老师和同学们到达学校时，愕然地发现有火舌从教室冒出。他们急忙将这个小男孩救出，但他的下半身遭到严重灼伤，整个人完全失去意识，只剩一口气在。

送到医院急救后，小男孩稍微恢复了知觉。他躺在病床上迷迷糊糊地听到医生对妈妈说："这孩子的下半身被火烧得太厉害了，能活下去的机会实在很渺小。"但这勇敢的小男孩不愿就这样被死神带走，他下定决心要活下去。果然，出乎医生的意料，他熬过了最关键的一刻。但等到危险期过后，他又听到医生在跟妈妈窃窃私语："其实保住性命对这孩子而言不一定是好事，他的下半身遭到严重伤害，就算活下去，下半辈子也注定是个残废。"这时小男孩心中又暗暗发誓，他不要做个残废，他一定要起身走路。但不幸的是他的下半身毫无行动能力，两条细弱的腿垂在那里，没有任何知觉。

出院之后，他妈妈每天为他按摩双脚，不曾间断，但仍是没有任何好转的迹象。虽然如此，他要走路的决心也不曾动摇。

平时他都以轮椅代步。有天天气十分晴朗，他妈妈推着他到院

子里呼吸新鲜空气，他望着灿烂阳光照耀着的草地，心中突然出现一个想法。他奋力将身体移开轮椅，然后拖着无力的双脚在草地上匍匐前进。

一步一步，他终于爬到篱笆墙边；接着他用尽全身力气，努力地扶着篱笆站了起来。后来他抱着坚定的决心，每天都扶着篱笆练习走路，走得篱笆墙边都出现了一条小路。他心中只有一个目标：努力锻炼双脚。

凭借着如钢铁般的意志以及每日持续的按摩，他终于靠着自己的双脚站了起来，然后走路，甚至跑步。

他后来不但能走路上学，还能和同学们一起享受跑步的乐趣，到了大学时，他还被选入了田径队。

一个被火烧伤下半身的孩子，原本逃不过死神的召唤，原本一辈子都无法走路跑步，但他凭着坚强的意志，跑出了最好的成绩。

IN THE FUTURE, YOU WILL THANK YOURSELF
FOR WORKING HARD NOW

第四章

▷

常怀感恩，幸福即在当下

在人生的道路上，随时都会产生一桩桩一件件令人动容的感恩之事。暂且不说家庭中的，就是日常生活中、工作中、学习中所遇之人给予的点滴的关心与帮助，都值得我们用心去铭记，记住那些无私的人性之美和不图回报的惠助之恩。

感恩不仅仅是为了报恩，因为有些恩泽是我们无法回报的，有些恩情更不是简单的等量回报就能一笔还清的，只有用纯真的心灵去感动、铭刻，并永远记在心里，才能算是真正对得起那些给予你恩惠的人。

感恩，让我们的内心变得安静而又平和

感恩，如沁人心脾的甘泉，畅饮甘泉，我们的内心变得澄澈而又明亮；感恩，如熏人欲醉的海风，感受海风，我们的内心变得纯净而又宽广；感恩，如令人心折的白雪，领略白雪，我们的内心变得安静而又平和。

一天，和朋友闲聊时，小芬说起最近迷上的水晶。从绿幽灵的异样美丽，说到粉水晶纯净通透深受女孩喜爱。忽然听他感慨："不错啊，可以买给我家那口子。"

"哦，良心发现了嘛！你家美眉肯定会很高兴的。"小芬笑道。总是听到他得意扬扬地夸奖他的女友贤惠可人，虽然偶尔有点"作"，不过，她能够任他呼朋唤友四处游玩，也从不在意什么礼物俗套。当然，也几乎没有听说这个男人曾为筹备礼物而费尽心思。

"她不太看重这些东西的。"朋友轻松地说。

"我们都知道她乖，不看重昂贵的礼物。可是，难道你不喜欢看到她收到礼物时的幸福表情吗？"小芬问。

在生活中，有许多懂得感恩、要求简单的女孩。她们不会刻意追求什么，不会给心爱的人设立目标，不会让心爱的人为了自己而太辛苦地努力。这样的女孩，无论是她自己还是周围的人，都比较容易幸福。如果遇见这样的女孩，作为一个男人，一定不要忽略她们的感受。

要知道，每一个女孩都有着自己小小的藏在心里的梦想，都希

望被人宠着、疼爱着。她们善解人意，深深懂得别人的感受，这正说明她们是敏感而感性的。只不过，她们懂得：愿望是用来感受实现时的幸福，而不是用来变成无法实现时的压力。

我有一个朋友，非常心疼自己的男友，就提议不如把婚礼免去，简简单单的，只要两个人在一起就好了。然而，她的男友却相信，婚礼是一个女孩一生中最美好的记忆。所以他很认真地考虑每一个细节，很努力地准备。他告诉女孩的母亲，会让女孩有一个一生难忘的婚礼。婚礼那天，朋友在礼堂深情地拥抱着先生，她的双眼充满了幸福，发自内心的喜悦感染了每一个参加婚礼的人。婚后，她更是加倍地珍惜和支持着她的爱人，对于先生的点滴成就，她都发自内心地赞赏，双眼闪烁着满足和快乐。

毕加索说，在他钟爱过的女人中，有一位最让他迷恋，他把她评价为"充满活力的懒惰"。小芬一直觉得这个说法有点自相矛盾，直到她认识了阿青。阿青是那种对老公的宠爱很受用，而从不会因为受宠而得意忘形的聪明女人。阿青的勤奋在她喜欢的文字和书籍中就能体现出来，而作为妻子，她是一个"充满活力的懒惰"女人。她爱吃美食，喜欢玩，机智幽默，从不唠叨，不操闲心，也从不太挑剔。她第一次看到她的新房子，是在装修好了、家具都摆设齐全，住进去的时候。她说："我对一切都满意，除了感恩，就是快乐享受。"她感谢老公不计较自己的小小懒惰，感谢老公喜欢在家里独揽大权。老公的宠爱，她安心享受，但从不觉得是应该的。她说，婚姻的字典里一旦有了"应该"，爱就变成贪得无厌的索取。一旦失去了乐趣，就算是天天享受呵护，也只有无尽的不满。

雨亭则完全是另外一种类型的女人。她是经过天昏地暗的热恋走进婚姻的人。也许是太爱他了，她总是恨不得给他超五星级的待遇。在恋爱中燃烧了几年的忘我服务的热情，在婚姻里仍然继续燃烧着。

但是，灰烬终于高过了火焰。终于有一天，爱火似乎渐渐熄灭了。雨亭突然觉得老公应该给她超五星级的待遇了。如果某天她晚一点回家，进门发现老公又忘了给她泡茶，她就觉得她得到的爱没有她付出的爱深厚细腻。雨亭慢慢地发现她要得越多，快乐越少，反而不如以前一味地付出幸福。而且，她的丈夫甚至害怕喝她每天泡好的茶，他说："我感觉欠了你什么似的。"

好在雨亭是个聪明的女人，她开始反省自己。她发现，她操持了家里的琐碎，而老公给她的是家庭经济的保障和心理安全感，在所有大事情上进行决断，并一直纵容着她。她忽然觉得那份婚姻、那个男人值得感谢。她甚至感谢他在他找不到内衣的时候一遍遍呼唤她，感谢他很陶醉地享受她泡的茶，感谢他在她看不惯狭隘的上司的时候，温柔地安慰她说不想忍受就立即回家。她想，她之所以能够保存自己的那一份灵性，自由自在地活在琐碎的快乐中，以一个女人的感性方式恣肆快乐，就是因为在她的世界里有了那个爱她的男人。

当爱情被播种到婚姻的土地里，爱情一定会有一个破壳变形的过程，直到它化为别名，长出一棵叫"感恩"的树。如果感恩树的成长彻底剥离了"应该"的硬壳，剩下的就一定是开花结果，天长地久。

羞辱，是人生的一门选修课

没有批评，就没有艺术。批评是一种智慧，批评是一份爱心，批评是一片袒露的真诚，批评是一腔恨铁不成钢的期待与厚望。

20 世纪 80 年代初，曹禺年逾古稀，是海内外声名鼎盛的著名戏剧作家。有一次，美国同行阿瑟·米勒应约来京执导新剧本，作为老朋友的曹禺专门邀请他到家里做客。午饭前的休息时分，曹禺突然从书架上拿来一本装帧讲究的册子，上面裱着画家黄永玉写给他的一封信，曹禺逐字逐句地把它念给阿瑟·米勒和在场的所有朋友听。这是一封措辞极其严厉且不讲情面的信，信中这样写道：“我非常不喜欢你后来的戏，一个也不喜欢。你的心早就不在戏剧里了，你失去了伟大的灵通宝玉，你为势位所误！命题不巩固、不缜密，演绎分析也不够透彻，过去数不尽的精妙休止符、节拍、冷热快慢的安排，那一箩一筐的隽语都消失得无影无踪了……”

阿瑟·米勒后来写了一篇文章详细描述了自己当时的感受，他说自己很迷茫：“这信对曹禺的批评，用字不多但却非常激烈，还夹杂着明显的羞辱的味道。然而当他念着信的时候，他的神情很激动。我真不明白曹禺恭恭敬敬地把这封信裱在专册里，现在又用感激的语气念给我听时，他想了些什么。”

阿瑟·米勒的茫然是有道理的，毕竟把别人充满羞辱的信件裱在装帧讲究的册子里，且满怀感激念给他人听，这样的行为太过罕见，使人无法理解与接受。但阿瑟·米勒不知道的是：这正是曹禺的清醒和真诚。尽管他已经是功成名就的戏剧大家，可他并没有像旁人一样过分爱惜"自己的羽毛"——荣誉和名声。在这种"傻气"的举动中，透露的实质是曹禺已经把这种羞辱演绎成了对艺术缺陷的真切悔悟。此时的羞辱信对他而言已经是一笔鞭策自己的珍贵馈赠，所以他要当众感谢这一次羞辱。

格林尼亚出生在法国西北的瑟堡，父亲是一家造船厂的老板，整天忙于发财，对子女溺爱有余，管教不足。格林尼亚从小游手好闲，整天浪迹街头，不把学习放在心上，成为一个名副其实的公子哥。由于长相英俊，花钱出手大方，格林尼亚在情场上春风得意，总能讨得异性的欢心，把一个个漂亮的姑娘吸引到身边。

然而，在这个世界上，拥有足够多的金钱并不意味着就拥有一切，相貌堂堂也未必就能赢得尊重。在一次午宴上，格林尼亚走到美女波多丽面前调情。与以往每次都获得美人心相反的是，他不但没有赢得波多丽的欢心，反而遭到了一番奚落："请你走远一点，我就讨厌像你这样的公子哥在眼前晃荡！"

这一句无礼且轻视的话，就像一把匕首捅在心头。他长期以来呈休眠状的羞耻心一下子惊醒过来。格林尼亚陡然意识到：家庭的富有并非个人的荣耀，要赢得真正的尊重，就必须用努力去争取。排遣着无边的懊恼和悔恨，他甩掉一身自以为潇洒的轻浮，打起精神走上一条有理想有追求的路。

这一年，格林尼亚二十一岁，为了摆脱家庭长期溺爱带来的松懈，他决定转换生活的环境。于是，他留下一封书信表明心迹说："请不要打听我的下落，相信通过刻苦学习，我一定会干出些成就来的。"

格林尼亚从瑟堡出发，来到里昂。他用两年的时间修完耽误的全部课程，取得里昂大学插班就读的资格。投入校园的生活，他倍加珍视来之不易的机会，引起了化学权威巴尔的注意。在名师的指点下，他进行了一系列的实验，很快就发明了格氏试剂，被学校破格授予博士学位。这一消息轰动了法国，也让格林尼亚的父亲感到非常欣慰。

另一个四年的辛劳之后，格林尼亚终于取得了卓越的成就。1912年，他被授予诺贝尔化学奖。波多丽得知这一喜讯，在病床上亲自提笔给他写了一封贺信："我永远敬爱你！"就这么一句话，让格林尼亚激动万分。他永远感激这位美女当初对他那一番近乎侮辱的训斥。

生活似乎总在源源不断地制造着各种各样的羞辱，这是生命中一段永恒的命题。羞辱无疑是人生的一门选修课，心胸狭窄的人会把它演绎成沉重的包袱，而豁达乐观者则会把它看作是"激励"的别名。感恩羞辱，因为从羞辱中我们能够发现自身的短处与缺陷，并借羞辱来激励与完善自我。

活着，是一种应该感恩的幸福

一颗感恩的心，就是一个和平的种子，因为感恩不是简单的报恩，它是一种责任、自立、自尊和追求一种阳光人生的精神境界！

迎着十一月刺骨的寒风，珊德拉推开街边一家花店的大门。那一刻，她的情绪低落到了极点。一直以来，她都过着一帆风顺的生活，从来没有什么不顺心的事。但是今年，就在她怀孕四个月的时候，一场交通意外无情地夺走了她肚子里还在成长的那个小生命，她的丈夫又失去了工作。这一连串的打击让她几乎临近崩溃了。

"啊，感恩节？为什么感恩呢？是为了那个不小心撞了我的粗心司机，还是为那个救了我一命却没能帮我保住孩子的气囊？"珊德拉迷惑不解地想着，不知不觉中走到一团团鲜花跟前。

"您好，我想订花……"珊德拉犹豫着说。

"是感恩节用的吗？"热情的店员问，"您一定想要那种能传递感激之意的花吧？"

"不，不是！"珊德拉脱口而出，"在过去的近半年里，我没有一件事是顺心的。"

"那么，我知道什么对您最合适了。"店员马上接过话来说。

珊德拉感到非常惊讶。这时，花店的门铃响了起来。"嗨，芭芭拉，我这就去把您订的东西给您拿过来。"店员一边对进来的女士打着招呼，一边让珊德拉在此稍候，然后就走进了里面的一个小工作间里。没过多久，当她再次出来的时候，怀里抱满了一大堆的绿叶、蝴蝶结和一把又长又多刺的玫瑰花枝——那些玫瑰花枝被修得整整齐齐，只是上面连一朵花也没有。

珊德拉疑惑地看着这一切，这不是在开玩笑吧？谁会要没有花的空枝子？她以为那顾客一定会很生气，然而，她错了。她清楚地听到那个叫芭芭拉的女人真诚地向店员道谢。

"嗯，"珊德拉终于忍不住开口了，她的声音变得有点结结巴巴的，"那女士带着她的……嗯……她走了，却没拿花？"

"没错，"店员说道，"我把花都给剪掉了。那就是我们的特别奉献，我把它叫作感恩节荆棘花束"。

"算了吧，你难道要告诉我居然有人愿意花钱买这玩意儿？"珊德拉不理解地大声说道。

"说来话长了。三年前，芭芭拉走进我们的花店。那时，她的感觉就跟你现在一样，认为生活中没有什么值得感恩的。"店员解释道，"当时，她父亲刚刚死于癌症，家族事业也摇摇欲坠，儿子在吸毒，她自己又正面临一个大手术。而我的丈夫也正好是在那一年去世的，"店员继续说道，"我一生当中头一回一个人过感恩节。我没有孩子，没有丈夫，没有家人，也没有钱去旅游。"

"那么，你做了什么呢？"珊德拉问道。

"哦，我只是学会了为生命中的荆棘感恩，"店员用沉静的声音答道，"我过去一直为生活当中美好的事物而感恩，却从来没有想过问一问自己为什么会得到那么多的好东西。但是，这次厄运降临的时候，我问了。我花了很长一段时间才明白，原来黑暗的日子也是非常重要的。我一直都在享受生活中的'花朵'，但是，荆棘使我明白了上帝的安慰是多么的美好。你知道吗？《圣经》上说，当我们受苦时，上帝会来安慰我们。借着上帝的安慰，我们也学会了如何去安慰别人。"

珊德拉屏住呼吸，仔细思索着眼前这位店员的话。然后，她犹豫地说："说句心里话，我不想要什么安慰，因为我失去了我的孩子，我的丈夫也失去了工作，我对上帝感到生气。"

这时又有一个人走了进来，他是一个头顶光秃的矮个子胖男人。

"你好，我太太让我来取我们的'感恩节特别奉献'——十二根带刺的长枝。"那个叫菲利的男人笑着接过店员从冰箱里取出来的用纸巾包扎好的花枝。

"这是给您太太的？"珊德拉用充满怀疑的语气问道，"如果您不介意的话，我想知道您太太为什么会想要这个东西。"

"哦，没关系，我不介意。恰恰相反，我很高兴你这么问，"菲利回答，"四年前，我和我太太差一点儿就离婚了。在结婚四十多年之后，我们的婚姻陷入了僵局。但是，靠着上帝的恩典和指引，我们总算把问题给解决了，我们又和好如初。这儿的店员告诉我，为了让自己牢记在'荆棘时刻'里学到的功课，她总是摆着一瓶子的玫瑰花枝。这正合我意，因此就捎了些回家。我和我太太决定把我们的问题都写在标签上，然后把它们一一贴在这些枝子上，一根枝子代表一个问题。然后，我们就为从这些问题上所学到的功课而感恩！"

"我诚挚地向你推荐这一特别礼物！"菲利一边付账，一边热情地对珊德拉说。

"我实在不知道我能不能做到为我生命中的荆棘感恩，"珊德拉对店员说道，"这听起来有点儿……嗯，不可思议。"

店员说："我以往的经验告诉我，荆棘虽丑，却能够把玫瑰衬托得更加美丽。人在遇到麻烦的时候会更加珍视上帝的慈爱和帮助，我和菲利夫妇都是这么过来的。因此，不要恼恨荆棘。"

眼泪从珊德拉的面颊上无声地滑落下来。她抛开她的怨恨，哽咽着说："我要买下那十二根带刺的花枝，我该付多少钱？"

"不要钱，你只要把你内心的伤口治好就行了。这里所有顾客第一年的特别奉献都是由我送的。"店员微笑着递给珊德拉一张卡片。珊德拉打开卡片，上面写着：

全能的上帝啊，我曾无数次地为我生命中的玫瑰而真诚地感谢你，但却从来没有为我生命中的荆棘而感谢过你，哪怕一次也不曾有过。请你教导我关于荆棘的价值，通过我的眼泪，帮助我看到那更加明亮多彩的彩虹……

感动的眼泪再一次从珊德拉的脸颊上滑落。

人的生命是短暂的。人降临世上的同时也带来快乐与痛苦，是选择痛苦多一些，还是快乐多一些？全凭个人心态而定。

在我们身边，或多或少地总是有那么一些人沉溺在灰色的心态中，对一切进取充满不满。他们总是拿自己和别人比，其实老天爷对世上每个人都是公平的，你虽然没有别人所拥有的东西，但是你也拥有别人想要而得不到的东西。别人虽有钱，但是他或许没有你所拥有的健康身体或美满家庭。面对生命中的种种痛苦和不如意，我们应该感恩，因为我们仍然活着——活着，就是一种应该感恩的幸福和快乐。

感他人之恩，责自身之过

爱因斯坦说过："我每天都要无数次地提醒自己，我的内心和外在的生活，都是在其他人的劳动的基础上。我必须竭尽全力，像我曾经得到的和正在得到的那样，做出同样的贡献。"

我们的问题是：应该记住什么？又该忘掉什么？这可以是一个自然而然的过程，也可以是人为的过程。通常对于那些过五关斩六将的荣耀，人们更容易也更愿意记住，甚至在各种场合津津乐道；而对那些走麦城的教训，人们往往容易遗忘，或者刻意回避。还有一种情况，人们容易记住自己对别人的恩惠，却又淡忘自己受人之惠。趋利避害是人的本能，从这个角度看，人们的记忆取向是自然的，完全可以理解。然而，人是有思想、有品格的，一些思想杰出、品格纯正的人，往往有着更高的境界。

在记忆取与舍的选择上，就有这么一则小故事，或许可以给我们一点启示：

阿里与好友吉伯、马沙一起外出旅行。三人经过一处陡峭的山路时，马沙突然失足滑倒，眼看就要摔下万丈山崖。就在这危急时刻，吉伯一把抓住马沙的衣襟，用力将马沙拉了上来。为了记住这一恩德，马沙在路边一块大石头上刻下了这样一行字："某年某月某日，吉伯救了马沙一命。"

三个人继续向前走。在海边，因为一件小事，吉伯和马沙吵了起来。吉伯一时冲动，打了马沙一记耳光。但是，马沙没有还手。他跑到沙滩上，在沙滩上写下了一行字："某年某月某日，吉伯打了马沙一个耳光。"

旅游结束后的一天，阿里问马沙："你把吉伯救你的事刻在石头上，而把他打你的事写在沙滩上，这是为什么呢？"马沙回答说："我要永远感谢并记住吉伯的救命之恩，至于他打我的事，我想让它随着沙子的逐渐流动让我忘得一干二净。"

马沙能够正确对待恩惠和怨隙，这一点值得我们学习和借鉴。但是，现实生活中，很多人的做法与马沙大相径庭。有的人对别人给予自己的帮助缺乏足够的感激之心，认为是"应该"的；有的人得到别人的帮助不知道应该回报，或者只是一时感激，时过境迁便很快遗忘；有的人甚至不辨是非恩将仇报……而当别人不小心损害了自己的利益时，很多人却会牢记在心，甚至长期耿耿于怀。整天挂在嘴上，逢人便说者有之；以牙还牙、冤冤相报者有之；寻找机会进行报复者有之……这种种人不在少数。

感恩，可以说是一种美德。古人说，滴水之恩当涌泉相报。事实上，这句话所表达的不是一种现状，而是一种追求，完全做到的人并不多。即便如此，也不应放弃这种追求，因为记住别人对自己的好，以感恩的心态对待他人，以宽阔的胸襟回报社会，是一种利人利己、有益社会的良性循环。

民间有句俗语说得好："你帮别人快忘记，别人帮你要牢记。"这是一句教人加强道德修养、宽厚待人的处世良言。现代社会，人们的交往面比过去大大增加，接触的人更多，人际关系更复杂，人与人之间的合作、矛盾、思想乃至利益的碰撞也更多。因而，更需要我们保持仁厚之心。

经济学家孙冶方和舞蹈家资华筠都是第五届全国政协委员，他们常在一起开会。一天，孙冶方得知资华筠是著名学者陈翰笙的学生，就主动告诉她："你的恩师也是我的引路人啊。我是在他的影响下，参加革命并且对经济问题产生兴趣的，所以我很感谢他。"后来，资华筠把这件事告诉了陈翰笙，翰老却说："不记得了。"资华筠认为老人年事已高，记不清楚了，嗔怪着说："人家大经济学家称您是引路人，您倒把人家忘记了！"不料，翰老十分认真地说："我只努力记住自己做过的错事——怕重犯。至于做对的事情，那是自然的、应该的，记不得那许多了。孙冶方选择的道路和成就，是他自己努力的结果，我是没什么功劳的。"

随时不忘责己之过而时时忘记施人之恩，更是一种难得的美德。记住自己做过的错事，是避免重蹈覆辙的前提。一个人想要少犯错误，不断取得进步，就必须做到这一点。一般情况下，施恩者在有意无意之间都希望受益者给予回报，倘若受益者没有什么表示，施恩者往往会气恼不快。相比之下，像陈翰笙先生那样把自己施人之恩视为"自然的、应该的"，淡而忘之，不求回报更是难能可贵。这种真诚、宽厚的胸怀，是一种更高更深的境界。

人生在世，要互相理解，互相帮助；多反思自己的不足，多感激别人的恩惠，少谈论别人的缺点，对矛盾不要老是耿耿于怀。如果能做到这一点，人与人之间的摩擦就会减少许多，社会就会更加和谐，生活也会更加温馨。正如法国启蒙思想家卢梭所说："忍耐是痛苦的，但是，它的结果却是甜蜜的。"铭记着自己的引路人，念念不忘别人对自己的恩典；不记得自己做过的好事，只努力记住自己做过的错事，这种情怀与境界，非比寻常。

如果你是一个苦恼的人，你应学会感恩，因为感恩是驱除你苦恼的良方妙药；如果你是一个对生活心灰意冷的人，你应学会感恩，因为感恩的时候就是你的身心得到温暖的时候；如果你是一个郁郁不得志的人，你应学会感恩，因为感恩会使你的心情渐渐变得舒畅，渐渐平和；如果你是一个只顾索取的人，你更应学会感恩，因为感恩会使你懂得适当地给予；如果你是一个快乐的人，你也应学会感恩，这样，你的快乐就会取之不尽，它会把你塑造得更完美。朋友，如果你想有一个好的心境，那不妨试着学会感恩，把每一天都当作你的感恩节。

"心直"固然可嘉，"口快"却不值得称道

现在，仍有不少人把"心直口快"当作美德，即使因言语不当而产生矛盾，他们也每每以"我说话只会直来直去，不会拐弯抹角"为借口。却不知这"心直"固然可嘉，但"口快"却未必值得称道。

不必逞匹夫之勇，像一只固执地想从玻璃上钻过去的蜻蜓一样。大可从容一些，用一用你的智慧和耐心，多为自己选择几条道！你可以暂时屈就你所不喜欢的职业；你可以暂时应付一下你所讨厌或轻视的人；你可以暂时走进一个黑暗的涵洞，只要你时刻知道这一切都仅仅是手段，而不是你的终极目的，你就不必灰心和难过，也用不着关心周围的人会怎样批评或嘲笑你。

法国作家勒农说过这样的话："你不要着急！我们所走的路是一条盘旋曲折的山路，要拐许多弯、兜许多圈子，我们时常觉得好似背向着目标，其实，我们总是越来越接近目标。"

光劳利是纽约一家木材公司的一名普通推销员。多年来，他与那些冷酷无情的木材审察员打交道，常常发生口舌之争。虽然最后，他几乎总是赢家，但公司却不得不一次次为此赔钱。所以，他改变了策略，尽量避免同别人发生口角。结果如何呢？下面是他自己讲述的一段经历：

有一天早上，他办公室的电话铃响了。他拿起话筒，有个人急躁不安地在电话里通知他说，他运去的一车木材都不合格，他们已停止卸货，要求光劳利立即把货从他们的货场运回去。原来在木材

卸下四分之一时，对方的木材审察员报告说这批木材质量低于标准的50%，鉴于这种情况，他们拒绝接收木材。光劳利立刻动身向那家工厂赶去，一路上想着怎样才能最妥当地解决这种情况。通常情况下，他一定会找来判别木材档次的标准规格据理力争，根据自做了多年木材审察员的经验与知识，力图使对方相信这些木材达到了标准，是对方搞错了。

然而，这一次他决定改变一下做法。他打算用新近学会的"说话"原则去处理这个问题。光劳利赶到场地，看见对方的采购员和审察员一副揶揄神态，摆开架势准备吵架。光劳利陪他们一起走到卸了一部分的货车旁，询问他们是否可以继续卸货，这样他可以看一下情况到底怎样。光劳利还让审察员像刚才做的那样把要退回的木材堆在一边，把好的堆在另外一边。

观察了一会儿，光劳利发现，对方审察得过分严格，标准上出了问题。这种木材是白松，而审察员显然对硬木很内行，却不懂白松木。白松木恰好是光劳利的专长。不过光劳利一点也没有表示反对他的木材分类方式。他只是一边观察，一边问几个小问题。光劳利提问时态度非常友好、合作，并告诉他说他们完全有权利把那些他们认为不合格的木材挑出来。这样一来审察员变得热情起来，他们之间的紧张开始消除。渐渐地审察员整个态度改变了，他终于承认自己对白松毫无经验，开始对每一块木料重新审察并虚心征求光劳利的看法。

结果如何呢？他们不但接收了全部木材，而且没有发生任何不快。光劳利拿到了全价的支票。

一般来说，听到批评时，人们马上就会联想到紧张的气氛和不愉快。但婉言却能使批评在轻松愉快中进行，收到那些"直言"所收不到的意外效果。

柳亚子吟诗作文一直很受人们的欣赏。他的书法流畅奔放，一泻千里，但却很潦草，甚至不易辨认出是什么字。书画家辛壶不直说柳亚子先生的字迹潦草，却委婉地说柳亚子先生的字是"意到笔不到"，含蓄而又不失风趣，使柳亚子先生不但虚心接受，而且对他的说话技巧极为佩服。在外交上，委婉含蓄的语言往往更意蕴深刻。婉言，还可以给对方一个下台的阶梯，避免形成僵局。婉言能够巧妙地表情达意，既能让对方听出弦外之音，又不伤彼此和气。这种好办法，我们何乐而不为呢？

俗语说：人活脸，树活皮。如果你不打算给别人留面子，请想想自己被如此对待的心境吧！

我说的并非屈尊就驾。而是希望我们在为人处世时，学会忍耐，学会等待时机，学会主动把握机遇。那些羞羞答答、不肯降低身价做事的"薄脸人"，在激烈的竞争中，肯定会陷入被动的局面。

不管我们自己如何优秀，也千万记得给别人留些面子，这也是我们施恩于别人的一种方式。

驻足片刻，请帮助不幸的人

人生是条只能走一次的路，权当是帮你自己一个忙吧！停下匆忙的脚步，花点时间，仔细观察你四周发生的事物，也许你会得到不少惊喜，也许能够帮助不幸的人，这对我们来说，是非常幸福的。

在人生的旅途上，不要忘了驻足片刻，欣赏路边绽放的玫瑰。

我以前也是属于庸庸碌碌、对生活失去敏感度的人，特别是在拥挤的街道上开车时，心里会无比的烦闷。然而前一阵子我在街上目睹的一件事，霎时让我了解，在我封闭的世界外，原来有这么广阔的一片天地。

那天我驾车去参加一个会议。当我开到一个交通繁忙的十字路口时，红灯突然转亮。我心想："没关系，待会儿速度冲快点，就不会再碰到红灯。"就在我心浮气躁地加足马力，准备绿灯一亮就冲出去时，路旁一幅景象突然吸引了我的视线。一对双眼失明的年轻夫妇准备穿越这个车辆川流不息的路口。先生挽着妻子的手，妻子的胸前背了个婴儿，他们拿着白色拐杖一步一步地探着，小心翼翼地往前进。

看到这一幕时，我十分感动。在所有的残疾中，我总觉得失明是最不幸的。就在此时，我见到这家人偏离了人行道，往路口中心的方向移动，对面的来车随时会将他们撞倒，但他们对自己所处的危险情况却浑然不知。我坐在车上替他们捏了一把冷汗，万一哪个司机闪避不及……

当这一幕发生时，我见到了一段令人不敢置信的事：从四面八方开来的每辆车，都不约而同地停了下来。没有人按喇叭表示不耐烦，也没有人火冒三丈地大叫："滚开，别挡路！"这一刻，似乎一切都为这家人而静止。

我睁大眼睛看着身旁的其他车辆，发现里面的驾驶员也都瞪大眼睛看着这一家人。突然我右边的驾驶员将头探出车外，对他们大喊道："往右走，往右走！"其他的人受了他的感染，也都跟着叫：

"往右，往右！"

这家人开始慢慢地一步一步地调整自己的方向，在拐杖的扶持和众人的指示下，最后终于平安无事地到达路口的另一边。这时，他们仍是紧紧地手携着手。

我注意到这对夫妻脸上并没有那种惊魂未定的表情，可见他们并不知道刚才的情况有多危急。然而，像我一样目睹到这一幕的驾驶员们，却都如释重负般松了一口气。显然，所有的人都被这个偶发事件所感动。平时大伙儿开车都是争先恐后，但遇到需要帮助的人，大家仍是会表现出人性善良的一面。我后来常回想起这件事，同时也从中领悟了许多。我得到的第一个启示便是先前提过的"放慢脚步，关怀四周"（这是我以前常忽略的一点）。多抽点时间，仔细地瞧瞧身旁的人、事、物，也许你从某些细节里所得到的体会，能让你的人生全部改观。由此，我领悟到的第二件事就是，不管前方有多大的阻碍，只要我们坚定信心，信任正确的引导，就一定能达到预定的目标。

这对失明夫妻的目标只有一个，那就是穿过路口。但在他们身旁，却有八线川流不息的车道。他们毫无畏惧及怀疑，还是一步一步地到达了对街，达到了目标。

其实，我们走在复杂的人生道路上，同样有相当多的艰难险阻。如果我们能信任自己的直觉，并乐于接受"明眼人"的指导，自然能稳当地走到目的地。

我要感谢上天，它给我健康的双眼，而在这件事发生以前，我总认为这是理所当然的。试想，整日活在黑暗中是一种什么样的滋味？闭着眼穿越马路，心情该是何等慌张恐惧？我们常忘记自己在生活中拥有许多看似平常，却十分珍贵的天赋。

当我再次开车离开那个十字路口时，我对人生有了更深一层的认识，对周遭的人更多了一份关怀。既然上天赐我一双眼睛，我就该多观察身旁的世界，并尽力帮助其他不幸的人。

感恩是一种良知，更是一种动力

每当你得到一个美好恩惠的时候，你都应该借此机会培养自己的感恩习惯，这是很有必要的。并且，要长久地、持续地心怀感恩。

一个女孩的经历让我们想起了这些绵长的感恩……

在我读中学时，班里有个名叫金龙的男生，此人的名字起得富丽堂皇，可品行却是一塌糊涂。头发理得极短，根根竖起；而且学习成绩也很差。当时，他最大的特点就是穷，穷到非拖欠书杂费不可；还有就是爱打架，谁冒犯他，他就抡拳头。有时他也打输，印象最深的一次是他的腮帮子被打肿了，顷刻间一张脸胀大了一圈，像猪头。

我那时是个胆怯的女孩，和金龙几乎没有什么交往，我保护自己的最好办法就是：不去招惹金龙这样的首恶分子，甚至连目光都不在他身上停留。

有一天，正好轮到我值日，却发现金龙捂着肚子坐在椅子上。我放慢打扫的速度，故意看着窗外，隔了一会儿，忽听“哐”的一声，他竟然跌坐在地上，牙齿将嘴唇咬出血来。我不得不跑过去问他怎么了，他只是痛苦地摇头，我拿出手巾给他擦血，他没接，只用手背在嘴上不停地抹来抹去。

这件事发生之后，我才知道他肠子有病，有时会疼昏过去。可是，他不想让贫穷的父母担忧，从不对家人言及，每次发病都是靠自己的免疫能力，慢慢地、痛苦地挨过去。

不久，班里排演大合唱，准备国庆节全体上台演出。老师规定每人准备白衬衣蓝裤子，可金龙说他不参加。知情的人说，那是因为他没有一件白衬衣。到了演出那天，大家都觉得少一个人不好，于是我就出面向邻班的男生借了一件白衬衣交给金龙。金龙先是推让，面红耳赤，最后还是不好意思地接受了。

演出结束后，金龙将衬衣还给我，他居然把衬衣叠得工工整整，就像一个非常斯文的男生，这令我非常惊讶，忽然感觉他也不是那么可恨。

可是不久，班里就传出闲话，说金龙在他的小本子里记着我的名字。有人说那是个黑名单，上了那个名单可能要挨拳头了；也有人说，金龙喜欢谁，就会把谁的名字记下来。

这两种说法对我来说一样可怕。可直到毕业，金龙都没来找过我的麻烦，倒弄得我在心里藏了个谜团。

许多年以后，有一次我在闹市与金龙相遇。这时的他，已经是个沉稳、温和的父亲了，说起当年的生活，他忽然说："你的名字也在我的名单册里……"

我惊讶得几乎叫出声来："为什么？"

他说到现在他还保留着那个名单，那里记的是帮助过他的人的名字。他不善言辞，但他用他独特的方式来表达深藏于心的感谢和敬意。

也许，人骨子里都是记情的。

有一个女孩，家境贫寒，眼看要挨不过去了。这时，社会送来了关怀，她的同学也慷慨捐款捐物。她将同学们的赠物放在箱中，舍不得动用，说是每天打开箱子看一遍，想到周围有那么多的关怀、爱心，就忍不住喜极而泣。她要永久保存它们，这是一生最宝贵的精神财富。

还有一位学音乐的年轻人，很有才华却总是怀才不遇，四处碰壁。有一次他遇上一位音乐大师，大师认为他有天赋，就给了他一张名片，并在上面写满赞扬的话。那年轻人从此敲开了音乐殿堂的门，步入成功。后来，他无论走到哪里，总把那张名片带在身边，一来表示永不忘知遇之恩，二来提醒自己要成为一个仁爱的、关怀他人的人。

感恩是一份美好感情，是一种健康心态，是一种良知，是一种动力。人有了感恩之情，生命就会得到滋润，并时时闪烁着纯净的光芒。永怀感恩之心，常表感激之情，原谅那些伤害过自己的人，人生就会充实而快乐。

给别人以尊重，就是莫大的施恩

不会尊重别人的人，也必将得不到别人的尊重，更不会取得生活和事业上的成功。若想取得成功，就少不了他人的帮助，而他人的帮助需要以尊重他人为基础。只有怀着一颗感恩的心来对待每一个人，我们才能得到别人的帮助，从而战无不胜。

小张是幸运的，到哈佛读研究生的第一年，就得到了全额奖学金，这让他可以一心一意地念书。但第二年就没有那么惬意了，他只好向校方申请助教奖学金，即替教授打工，做些力所能及的事。递了表格后，小张心中就七上八下地等候消息。

几天后，小张便收到一封校方公函。他打开一看，顿时愣住了。他的第一个反应就是，一定有人捉弄他，这封信一定是假的！信的开头竟然尊称小张为"阁下"（Sir），而不是一般的称呼"先生"（Mister）。要知道，当时小张只是个微不足道的二年级研究生，写信人代表高高在上的哈佛大学校长及校董，叫"先生"，小张已经受宠若惊了，怎能担当得起"阁下"的尊称？

紧接着，第二句话也极其离谱："我恳切地告知您，校长及校董开会后，决定聘请您为助教……"等等，"我恳切"原文是"I beg to"，这一般是居下对上的口气。这样的谦恭，让人如何消受得起？

最让人吃惊的是信的落款，竟然自称为"您顺从的仆人"（Your obedient servant），这更是匪夷所思了。

当小张看完信时，心想一定是哪位学长跟自己开玩笑，编制这样的信来寻开心。但是，看到信纸信封都是正式校方用笺，又觉得不像作伪。可是堂堂的哈佛校方，会对默默无闻的学生如此宠语相称吗？难道自己是在做梦？

历史上，有许多像三顾茅庐、折节求贤的记载，但是被邀请出山的，都是盛誉卓卓的人物，寂寂无闻的小人物绝对不会受到这般礼遇的。虽有像战国四公子孟尝君这样的人，鸡鸣狗盗者都可以来门下做食客，但主人还没有谦卑到自称为佣仆的地步。如此说来，难道这些对人谦恭的词句，是这座高等学府的传统？

于是，小张向一位读文科的学长请教。他告诉小张，以仆人自称的做法，在一两百年前西洋公文书信中，倒是常有的，不过用在给学生的信中，却并不多见。想必是校方有意沿袭古风，以表尊师重教，难得的是连学生助教，都一视同仁。

第二天，小张怀着带几分胆怯和猜疑的心情，去国际留学生中心和人事处查询。结果出人意料，校方肯定这封信是货真价实的。校方还介绍说，做了助教，有薪可支，学费全免，甚至可以成为教授俱乐部会员。小张觉得这些福利虽然重要，但那封礼贤下士的信，才是最珍贵的奖励。当时小张许下一个愿望，如果将来成为富翁，一定捐巨款给学校。

从那以后，这封信就一直挂在小张办公室的墙上。惭愧的是自己没有变成大富翁，毕业后一直兢兢业业从事教育工作，每年只给母校寄去微薄的心意，但是小张很高兴看到有许多校友回馈母校。小张想，他们必定也接到过类似的信函，或身受过相似的礼遇。

看着这封信，小张常常提醒自己，对待他人要以哈佛校方为榜样：尊重他人，待之以礼。希望一封类似"顺从的仆人"的信，也能一辈子挂在他们的心上。

下面是一个发生在美国纽约曼哈顿的真实故事：

一个四十来岁的中年女人领着一个小男孩走进美国著名企业"巨象集团"总部大厦楼下的花园，在一张长椅上坐下来。她不停地跟男孩说着什么，似乎很生气的样子。不远处有一位头发花白的老人在专心地修剪灌木。

中年女人忽然从随身挎包里揪出一团白花花的卫生纸，一甩手将它抛到老人刚剪过的灌木上。老人诧异地转过头朝中年女人看了一眼。中年女人也满不在乎地看着他。老人什么话也没有说，慢慢走过去捡起那团纸扔进一旁装垃圾的筐子里。

过了一小会儿，中年女人又拿出一团卫生纸扔到老人刚剪过的灌木上。老人仍然沉默着，再次走过去把那团纸拾起来扔到筐子里，然后回原处继续工作。可是，老人刚拿起剪刀，第三团卫生纸又落在了他眼前的灌木上……就这样，老人一连捡了那中年女人扔的六七团纸，但他始终没有因此露出一丝不满或厌烦的神色。

"看见没有？"中年女人指着修剪灌木的老人对男孩说，"我希望你明白，你如果现在不好好上学，将来就跟他一样没出息，只能做这些又卑微又低贱的工作！"

老人放下剪刀走过来，镇静地对中年女人说："夫人，这里是集团的私家花园，按规定只有集团员工才能进来。"

"我当然知道，我是'巨象集团'所属一家公司的部门经理，就在这座大厦里工作！"中年女人高傲地说着，同时掏出一张证件朝老人晃了一下。

"能把你的手机借我用一下吗？"老人沉吟了一下，慢慢地说。

中年女人极不情愿，但还是把手机递给了老人，同时又不失时机地教育儿子："你看这些穷人这么大年纪了连手机也买不起。你今后一定要努力啊！可不能像他一样没出息！"

老人打完电话后，礼貌地把手机还给了妇人。很快一名男子匆匆走过来，恭恭敬敬地站在老人面前。老人对来人说："我现在提议免去这位女士在'巨象集团'的职务！""是，我立刻按您的指示去办！"那人连声应道并马上照办了。

老人走到小男孩跟前，用手抚了抚男孩的头，意味深长地说："我希望你明白，在这世界上最重要的是要学会尊重每一个人……"说完，老人撇下三人缓缓而去。

中年女人完全被眼前骤然发生的事情惊呆了。她认识那个男子，他是巨象集团主管任免各级员工的一个高级职员。

"你……你为什么要对这个老园丁那么尊敬呢？"她大惑不解地问。

"你在说什么啊？老园丁？他是集团总裁詹姆斯先生！"中年女人一下子瘫坐在长椅上。

常怀一颗感激的心，感激父母给我们生命，感激土地给我们粮食，感谢阳光、雨露，感谢亲人、朋友，这个世界在你的眼里将会更美好，而你自己也会收获更多的亲情、友情、爱情、快乐。

为人处事，给别人以尊重，就是莫大的施恩！

真诚待人，及时行善

做一个好人，其实是在为自己留一条后路。你做过一件坏事，可能要付出十倍的代价；同样，你做过一件好事，也许会有十倍的回报——这就是利息。

警局快下班的时候，一对年轻的夫妻抱着一个几个月大的孩子来登记户口。从他们递上来的资料里民警看到孩子姓名的后两个字是"行善"。"这名字很特别啊！"民警抬头向他们笑笑。

"是的，很特别，而且这名字有不同寻常的意义。"那个男人说，"因为我们——我是说，我、我的妻子，和我们的孩子，我们三个都是'6·22'海难事故的幸存者。"

时间回到2002年6月22日，浓雾弥漫的海面上。他和妻子坐上曾坐过多次的"榕建号"客轮。那天，准载100人的客船实际承载了 200 多人。没有一个人意识到死神正伸出狰狞的双手逼向他们。

终于，过重的船身骤然倾覆。那一瞬间，他的大脑也如当时的场面一样混乱。他的耳边充斥着惊慌失措的哀号、尖叫和哭泣。他看到许多双绝望挥舞的手，和渐渐随着水流沉浮远去的头颅。他根本来不及细想究竟发生了什么，只在一种求生本能的驱使下奋力划开水流。当他筋疲力尽地爬上岸、仰面朝天地喘着粗气的时候，他清楚地知道自己那不会游泳的已有孕在身的妻子恐怕早已……

就在这时，他突然发现河流里飘来什么，好像是一个女人。还在不停地扑腾的水花表明那个人还活着，并且正在努力地求生。他已经很累，差一点就虚脱了，但"救人"的念头还是占据了上风，他再次跳了下去。

当他好不容易把那女人拖上岸时，他已虚弱得睁不开眼睛。两个人就这么水淋淋地躺着。不知是过了多久，昏厥中他听到喧闹的人声，是救援的人们过来了。他被人家扶起来，出于好奇心，他忍不住去看了他救的那女人一眼，这一下他惊得"蹭"地跳起来——那个也同样睁着一双惊慌的眼睛望着他的女人，竟然正是他的妻子！世界忽然死一般寂静，时间仿佛在那一刻停止了流动……突然，两个人抱头痛哭！

"假如……"民警正要插嘴，那个男人截住了话头："你是想问，假如那时我侥幸自保后没有救人的话……"

人们都沉默了。谁都知道这是一个再简单不过的答案。可这答案，却维系着两个至亲至爱的生命！一念之差，得与失又是如何分明啊。

"老天有眼，助人者天助之。所以我们给孩子取名'行善'。我们要他无论在什么情况下，都不能放弃哪怕是一次微不足道的行善的机会。"

下面我们再来看看这个故事：

一只狐狸惊慌失措地跑进一个村落，长途的奔跑让它喘得上气不接下气、四肢发软、狼狈万分。一只鹦鹉见了它，便问道："狐狸先生，您这是怎么啦？"狐狸一脸惶恐地说："后……后面有一大群猎犬！它们在追我！"

鹦鹉听了着急地大叫："哎呀！那你赶快到村口玛丽大婶家里躲一躲吧。她人最好，一定会收留你的。"狐狸一听，说："玛丽大婶？不行，前两天我还偷了她的鸡，她不会收留我的。"

鹦鹉又说："没关系的，你可以去休斯大爷家避一避。"狐狸却说："休斯大爷也不行，几天前我偷吃了他孙女养的金丝雀，他们一家正痛恨我呢！"

鹦鹉想了想，说："你去投靠杰弗逊大夫吧，他是这村里唯一的医生，非常有爱心，一定不忍心看你被抓的。"狐狸尴尬地说："那个杰弗逊大夫呀？上次我到他家里，把他存的肉片给吃得一干二净，还把他院子里种的郁金香给踩烂了……我没脸再去找他。"

鹦鹉没办法了："难道这个村里就没有你可以投靠的人了吗？"狐狸回答："没有，我平时可没少害他们啊！"鹦鹉摇摇头，说："唉，那么我也救不了你了。"最后，这只平日里耀武扬威的狐狸，被猎犬给抓住了。

你待人的方式，将决定你失意时别人怎样待你；你失意时别人怎样待你，也决定了你遭遇失败时究竟是一败涂地还是有惊无险地平安过关。

受恩应知恩，知恩应图报

人生之路并非总是晴空万里，到底哪一缕阳光最耀眼？我想那道阳光应该属于知恩图报。感谢帮助我们成长的每一个人，请伸出援助之手给那些需要帮助的人。

小时候我曾听一位老爷爷讲过一个故事。他说那是他的亲身经历。

记得开头是这样的：

那是很久以前，是我年轻时候的事了。有一天下午，我到村后的山沟里砍柴，身边带着"黑子"，那是一只我养了好几年的黑色大狼狗。

突然间，黑子像离弦的箭一般冲了出去，转眼叼着一只小动物跑到我的身边。我仔细一看，是一只受伤的小狼崽，也就刚刚断奶的样子。它绝望地挣扎着，用哀求的目光望着我。

狼是吃人的野兽啊！以前村子里进来狼，乡亲们都会拿起棍子打它们，许多狼就这样被打死了。可是，这是一只小狼崽，我不忍心让狗咬死它，就把它抱回了家。

它的一条腿瘸了，我给它包扎好，每天精心地喂养着，还给它起了个名字，叫"三儿"。黑子几次咬它，都叫我给骂到一边去了。

一眨眼的工夫，一年多过去了，小狼崽也长成了大狼。毕竟是我把它养大的，对它还真有了一些感情，黑子一欺负它，我就狠狠地训斥黑子，出门也常常带着三儿和黑子。

后来，我几次在半夜被它俩吵醒，不知道是怎么回事，我决定观察观察。夜里，我眯着眼睛装睡，忽然，三儿张着大嘴冲着我的脖子扑来，身边早有准备的黑子一跃将三儿扑到土炕下面。我的心一惊：莫非这三儿真的想吃我？这使我久久不能入睡，这三儿是我从小养大的呀！难道真要吃我吗？思来想去，我想到吃人是狼的本性，本性又怎么能够改变呢？真不如狗对人忠诚啊，要是没有黑子，我这条命早就没了。

天一亮，我就熬了一锅稠稠的玉米粥，晾凉后把三儿叫过来让它吃。看它吃得饱饱的，我对它说："三儿你走吧！去找你的爹妈去吧"。我随手往外推了推它。黑子明白我的意思后，直往外撵它，三儿默默地走了，还回了几次头，眼神里满是不舍……

一年后，我到十几里外的小镇子上赶集。等我卖完挑去的两筐小枣，天已经快黑了。我匆匆往回赶，到了村后的山坡上，天完全黑下来了。正当我担心的时候，担心的事果然就发生了，不知什么时候，十几只狼围了过来，我浑身的汗毛都竖了起来，腿也瑟瑟发抖，这回算完了！猛然间我灵机一动说道："唉，你们这里有叫三儿的吗？"只见一只英俊的大狼，看了看我，低沉地号叫了一声……

奇迹出现了！那些狼虽不情愿，却老老实实地往后山走去了……

它们放弃了一顿美餐，我也就有幸活到了今天。

从那以后，我常常想起三儿，不知它过得好不好？

虽然那老爷爷讲的可能只是一个编出来的故事，但这个故事里的寓意却是深刻的，那就是知恩图报！

想想那只叫"三儿"的狼，再想想一些当今社会的现象，我的心就不免有些痛了！

俗话说，受恩应知恩，知恩应图报。人是社会性动物，不可能生活在真空之中，有交往就必然存在施与受，这一规律的存在也就要求我们每个人始终都应怀有一颗知恩图报的心，否则社会的秩序与和谐必将被打破。

滴水之恩，当以涌泉相报

古人给报恩定的标准极高："滴水之恩当以涌泉相报"！可见"投桃报李"和"爱人者人恒爱之"是万古流传的佳话。故此，受别人施恩者应自觉寻找机会去回报。

现实中，常常听到人们感叹，人与人之间日渐冷漠疏离。究其原因，其中一条颇为关键，那就是当今社会的芸芸众生，一方面渴求别人的帮助，一方面却竭力开脱自己，不想付出或极少付出。

但是，无论是人际还是国际关系，忘恩负义的现象都屡见不鲜。忘恩负义的要害是"忘恩"！而这恩往往是难以估量的亲情、友情或者爱情。

我们都是有头脑的人，不妨将心比心，仔细想一想。如果一个人向别人表达尊重、理解、关心时马上就能获得良好的反应，他一定会继续同样的行为。如果他"好心没好报"，也肯定会令他不舒服或不愉快。说到底，施恩也是一种"给予"的行为，若给予之后毫无相对的回应，那么，给予的行为将越来越少，甚至绝迹。

佛经中有这样的话："倘有人知恩图报，此人值得尊敬！"在这里所说的图报，并非指特定对象，而是教导人们在日常生活中，对鼎力帮助过自己的人，皆应存有感激之心。但是，在现实生活中，却往往有这样的小人：当他有求于你时，会恭恭敬敬，再三立誓为你"当牛做马"也心甘情愿；可一旦他在你这棵"大树"下"功成名就"或达到了目的后，不要说指望他回报，连你有事找他帮忙时，他不仅不伸出援手，反而还对你幸灾乐祸甚至是"落井下石"……所以，当我们身处逆境、陷于泥泞中能及时赶来搀扶、帮助我们脱离苦海的人，才是真心实意的，这种人才是值得我们终生铭记的大恩人！

俗话说"滴水之恩当以涌泉相报"，心里长存这种道德观的人，待人处事自然怀有一种友善的态度，品行也因此而方正，心胸也因此而宽广。在他们脸上，常常现出灿烂的笑容，语言也让人更容易接受和感应。

成功不是一个人的事。父母的养育之恩、师长的谆谆教诲、亲戚朋友的爱心友情、同事的热情帮助、领导的关心信任……这些都是一个人事业有成的重要因素。面对这一切的一切，我们不仅应该有感激之情，更应具有涌泉相报之举。

我们每个人都可能得到别人的帮助，但难就难在受到帮助的人是否都能知恩图报。不想回报的人，自然不可能存有感激之心。他认为一切都是应该的，别人对自己的帮助或解难也都是理所当然的。这种人不懂什么是感恩。

心里装着别人的人，才会充实

人生在世，你永远不知道什么时候你可能会遇见某个人而让你有所感悟。他们在等待你给予他们所欠缺的东西，而你所得到的回报是一个观察人生的新视角，这一切，只有穿越这个支离破碎的世界，你才能看到。

帮助别人是一种施恩，接受帮助需要有一颗感恩之心。

有一个人死后被带去观赏天堂和地狱，以便选择他的归宿。他先去看了魔鬼掌管的地狱。第一眼看去令人十分吃惊，因为所有的人都坐在酒桌旁，桌上摆满了各种佳肴，包括肉、水果、蔬菜。

可是，当他仔细看那些人的时候，他发现他们当中没有一张笑脸，也没有盛宴的音乐或狂欢的迹象。坐在桌子旁边的人看起来抑郁而又沉闷、无精打采，而且都瘦得皮包骨头。这些人的左臂都捆着一把叉，右臂捆着一把刀，刀和叉都有四尺长的把手，使它无法用来吃食物。所以即使每一样食品都在他们手边，他们还是吃不到，一直在挨饿。

之后他又去了天堂，在那里他惊讶地发现场景是一样的：同样是食物、刀、叉与那些四尺长的把手，然而，天堂里的人们却都在唱歌、欢笑。这位参观者很不解：为什么情况相同，结果却如此不同。在地狱的人都挨饿，可是在天堂的人吃得很好而且很快乐。最后，他终于发现了答案：地狱里每一个人都试图喂自己食物，可是一刀一叉以及四尺长的把手根本不可能吃到东西；天堂上的每一个人都是喂对面的人食物，而且也被对面的人所喂，因为互相帮助，结果也帮助了自己。

戴尔·卡耐基说：如果你帮助其他人获得他们需要的东西，你也将因此而得到你想要的东西，而且你帮助的人越多，你得到的也越多。

有一天，下着很大的雨，一个平时以做慈善闻名的老妇人在这样的天气却不顾一切地跑出来，她想赶快为眼下这件事画个休止符。

老妇人生就一颗慈悲心。她不时捐东西给遭到天灾人祸的人，或买很多衣料送给本市的贫民。可是，这一次的事性质大不相同，使她无法像平时那样，爽口答应。虽然目的是为了贫苦无依的孤儿们，但要她捐出祖传的土地来建造孤儿院，她着实无法同意。她对世世代代传下来的那一片土地有很深的感情，何况，她年纪已老，此后生活的主要收入来源，就靠那块土地。这是跟她此后的生活有直接关系的事。说得严重一点，她若失去这一块土地，她的生活马上就要受到影响。

"无论对方如何恳求，也不能起一丁点同情心，否则……"想着想着，老妇人的脚步越来越快了。

天空暗得惊人。雨越来越大，风也吹得更加猛烈了。她终于到了目的地——家慈善机构的古色苍然的房子。她推开大门，走进去。由于是个大雨天，走廊上到处湿湿的。她在玄关口寻找拖鞋来穿。

"快请进！"随着一声清朗的声音，一位女办事员出现在她眼前。那位女办事员看到没有拖鞋了，马上不假思索地脱下她自己的拖鞋给老妇人穿。

"对不起，所有的拖鞋都被穿走了。"那位小姐还向她恳切地赔不是呢。

老妇人清楚地看到那位小姐的袜子踏在地板上，瞬间就给濡湿了。

老妇人深深地被她这个行为感动了。就在那一瞬间，她才感悟了"施与"的真正意义。

她心里想："平时，我被大家称为慈善家，可是，我的慈善行为到底是什么？我捐出来的全是自己不再使用的旧东西，再不就是挪用多余的零用钱罢了。那与其说是'施与'，不如说是'施惠'更妥当些。所谓的'施与'，应该是拿出自己最重要的东西，那才有莫大的价值呀"！

老妇人的内心突然起了一百八十度的大转变——她决心捐出那块祖传的土地给这个慈善机构，为可怜的孩子们建立一座设备完善的孤儿院。

老妇人轻轻地对那位女办事员说："好温暖的拖鞋。"

女办事员红着脸不好意思地说："对不起，我一直穿着，所以……"

老妇人连忙说："不，不，我没有怪你的意思，我是说，你的心，令人感到温暖。"

老妇人给她一个亲切的微笑，然后，朝着办公室急步走去……

有人弯下腰点了一堆火，也有人在接着这样做。灰烬告诉我们，黑夜里还有别人。有的时候我们只需要知道这些就够了！心里装着别人的人，才能从别人那里，使自己得到充实和升华。

对别人少一分挑剔，多一分欣赏

常怀感恩之心，便会以给予别人更多的帮助和鼓励为最大的快乐，便能对落难或者绝处求生的人们爱心融融地伸出援助之手，而且不求回报。常怀感恩之心，就会对别人对环境少一分挑剔，多一分欣赏。

一位外交官在给他的儿子写的一封信里说了这样的话：

我几天前偶然从你的朋友凯特那儿知道你参加了镇上"认养祖父母"的活动，我非常高兴。在这之前，我对鼓励年轻人到养老院探望老人之类的有意义的活动，虽略有耳闻，但了解不多。遗憾的是，社会上，人们似乎不关注世界上每天发生的那么多善意的行为。传播界往往对于伤害他人的"社会阴暗面"加以强调。对那些帮助他人的人与事却忽略了报道，好像报纸刊载那些事情，就会没人看似的！

你一定知道，帮助别人时的感觉是非常愉快的。我实在不明白为什么人们不如此做呢！即使他们诚心去帮助别人时，往往还要选择对象，如果寻求帮助的对象是个不相干的人时，很多人还会感到不好意思。例如给予汽车爆胎的人帮助，在公共汽车上让位子，陪着想要穿越马路的长辈过马路等等。其实，真令人感到难为情的，是对于需要帮助的人，我们并没有及时伸出援手。

不论是谁，在看到需要帮助的人就本能地伸出援手的人，当自己本身遭遇困难时，通常也会及时地得到援助。因为善行必会衍生出另一个善行，善行终会招来善报。这是这个世上最强的连锁反应之一。在我们的日常生活中常会碰到那些只需要言语安慰这一点点帮助的人，说不定他们就在你身旁。像年老、穷苦、因病卧床、身体不自由的人都需要这种帮助。但我们虽然和他们生活在同一个地方，却时常忘记，甚至故意去忽略他们。

提起"睦邻"这个词，我想起你的祖母对我说过的她同村一位年轻女士的感人故事。村子里的所有村民都不愿意和这个女士来往，究竟是什么原因她也说不清楚。总之，她在很年轻的时候就死了丈夫，一个弱女子经营着贫困的农场，并且还要养育四个孩子。她得辛辛苦苦地从清早忙到半夜，才勉强能够吃饱穿暖。

在她的隔壁，住着一个单独生活的老农夫，因为患了癌症而长期卧病在床。但是，除了这位带有四个孩子的年轻母亲之外，其他村民和老人的亲戚中没有一个人愿意为照顾他的病而抽出一点时间。与之形成对比的是这一位生活窘迫的邻居，即使再忙她也设法抽空为他做饭。老人在得到她的看护一年后去世。突然之间，老人的亲属们觉得好运到来了，跑去律师事务所。因为据说老人虽然过着节俭的生活，但生前却存有一大笔财产，他们认为那些财产应该分给自己。可是他们最后连一分钱也没得到。老人所拥有的钱、农场，以及其他的财产都依照遗嘱，赠给了照顾他的那位年轻女士。当律师宣布时，在场的所有人都发出了惊呼的声音。老人深深明白这位女士的辛苦，而且理解她并不是出自一时的同情，她已尽全力实行了每天辛苦的看护工作。

不用说你也猜到了，这之后，这位女士的生活发生了巨大的变化。她已不再需要为了养家而辛苦地工作。除此之外，对于她来说，还有一项重大的变化，那就是以往她被村人排斥、嘲笑的情形也不再发生了。那位老人因为感激她最后服侍的善行，而将这位女士的善意和她所努力的事实公开，大家自然而然开始赞赏并尊敬她。

行善积德啊！一个人的善举会像现在对你说的故事一样，收获戏剧性的报答。帮助别人，不要图什么回报，但你会在施善行后觉得自己至少是做了件好事，因而在私下会产生一种自我满足的喜悦。若是因为想让人感谢，或期待被社会认定而行善，那么美好的诚意也会减低。我想，在各式各样的活动中，有这么多人以匿名方式来投入时间、精力或金钱去行善，就是因为他们并不期望因此而获得感谢或赞扬。

所有的善行都充分证明：施比受更有福。19 世纪的诗人菲利浦·詹姆斯·贝利曾经这样写道："人生不是岁月，而是行为。"我希望你能把善良之心更为扩大。由于"相同的回报"的连锁反应，相信你也会有好报的。

别斤斤计较，要付出便要心甘情愿

在当今这样一个讲求合作的社会中，人与人之间的关系更是一种互动的关系。只有我们先去善待别人，善意地帮助别人，才能处理好人际关系，从而获得与他人的愉快合作。

无论如何，如果我们想得到快乐，不要去想感恩或忘恩，只需享受施与的快乐。

假设你救了一个人的性命，你心里是不是希望他感谢你呢？可能会。山姆·里博维兹在任法官之前是一个有名的刑事律师，曾经救过 78 个人的命，使他们不必坐上电椅。你想这些人中有多少个会感谢山姆·里博维兹，或者只送他一张圣诞卡？

如果涉及钱的问题，这就更没希望了。查尔斯·舒万博说过，有一次他救了一个挪用银行公款的出纳员。那个人把公款花在股票市场上，舒万博用自己的钱救了那个人，让他不至于受罚。那位出纳员感激他吗？不错，有一阵子他是感激他的。可之后他就转过身来辱骂和批评舒万博——这个让他免去牢狱之灾的恩人。

再做一个假设，如果你给一位亲戚 100 万美金，你会不会希望他感激你呢？安德鲁·卡耐基就做过这样的事。可是如果安德鲁·卡耐基能够从坟墓里复活，他一定会吃惊地发现那位亲戚正在咒骂他。为什么呢？因为卡耐基将 3.65 亿美金捐给公共慈善机构——那个亲戚怪他"只给了我区区 100 万美金而已"。

人总归是人，在他有生之日恐怕不会有什么改变。所以何不接受这个事实？为什么不认清现实，像统治过罗马帝国的那个聪明的马尔卡斯·阿理流士一样。他有一次在日记里写着："我今天要去见那些多嘴的人——那些自私、以自我为中心、丝毫不知感激的人。可是我既不吃惊，也不难过，因为我无法想象一个没有这种人的世界会是怎样的。"

这话非常有道理，要是你到处怨恨别人对你不知感激，那么该怪谁呢？是该怪人性如此，还是该怪我们对人性不了解呢？让我们试着不要指望别人报答，那么当我们偶然得到别人的感激时，就会有一种意外的惊喜；如果我们得不到，也不会为这而难过。

人类天性中就有一种奇怪的品性：容易忘记感激别人。因此，如果我们施一点点恩惠都希望别人感激的话，那结果一定会使我们大为头痛。

一个女人独自一人住在纽约，她常常因为孤独而不停地埋怨，她的亲戚里没有一个人愿意接近她——这实在没有什么值得奇怪的。如果你去拜访她，她就会连续几个钟头不停地诉说她做的各种好事。

常常得到她帮助的侄女们偶尔会来看看她，只是为了责任感。可是她们都很害怕来看她，因为她们知道必须坐在那儿好几个小时，听她拐弯抹角地骂人，还得听她那没完没了的埋怨和自怜的叹息。后来这个女人无法威逼利诱她的侄女再来看她的时候，她还有一个"法宝"：心脏病发作。

她是否真的心脏病发呢？是的，医生说她有一个"很神经的心脏"，容易发生心脏亢进症。可是医生们也说，他们一点办法也没有，她的问题完全是情感上的。

实际上，这个女人所真正需要的是一点爱和关注，可是她称这为"感恩图报"。而她永远也不可能得到感恩和爱，因为她去要求它，她认为那些是她该得的。

亚里士多德说："理想的人，以施惠于人为乐，但却会因别人施惠于他而感到羞愧。因为能表现仁慈就是高人一等，而接受别人的恩惠，却代表低人一等。"不管怎样，如果我们想得到快乐，我们就不要去想感恩或忘恩，只需享受施与的快乐。

施与不是一场交易，不应期待相等的回报。别斤斤计较，要付出便要付得心甘情愿。要让别人感激，不是要人感到内疚。其实老天爷很公平，有付出一定有回报，只是回报不一定来得如我们所预期的那样。因此无所求的态度才最健康。

假如为他人付出时还心想：他应该感激我，我应该得到回报，他应该感到内疚。那根本不算是付出，而是像做生意一样在交换条件。

帮助别人是一种莫大的幸福

帮助别人，实际上是一种幸福。许多人或许不相信这一点。然而当你体会到奉献与付出就是一种感恩的时候，你就会知道，你所体验到的就是幸福。

格林夫人所体验的幸福，如此真切。

当我刚搬进纽约市布鲁克林区的一幢公寓楼里时，我注意到在住户的邮箱旁贴了一张布告，上面写着："对格林夫人的善举：愿意每月接送两次住在 3B 室的格林夫人去医院做化疗的人请在下面签名。"

我不会开车，所以我没有签名，然而"善举"这个词却一直在我脑海里盘旋。这是希伯来语，意思是"做好事"，依照我祖母的理解，它还有另一层含义。因为她发现我很羞涩，总是不愿意请别人帮忙，于是她就常对我说："琳达，帮助别人是一种幸福，允许别人帮你的时候也是一种幸福。"

一个傍晚，天突然下起大雪，而且纷纷扬扬地下个不停。上课的时间就快到了，我只好披上厚大衣向公交车站走去。尽管从我家到车站没多远，但是在这种暴风雪的天气里，那简直就是长途跋涉。我用祖母为我织的蓝围巾把脖子围紧，耳边似乎响起了她的声音："你为什么不看看是否能搭个便车呢？"

当时，有一千个反对的理由跳进我的脑海：我不认识我的邻居，我不喜欢打扰别人，我觉得请人帮忙很可笑。强烈的自尊心不允许我敲开别人家的门。

于是，我继续艰难地向公交车站走去……

几周后的一天晚上，期终考试就要进行。然而，那天雪下得猛，我在车站等了很久汽车还没来，我终于放弃了。在返回公寓的路上，我绝望地问上帝：我该怎么办啊？

我把围巾拉得更紧，我仿佛又听到已经离开我的祖母在说：向某位司机请求搭个便车，那不是什么坏事！祖母的劝说对我从未有过意义，何况，即使我想请人帮忙——其实我并不想那么做——旁边也没有人。

但是，就在我推开公寓楼门时，我差点和站在邮箱旁的一位夫人撞个满怀。她穿了件褐色的大衣，手里拿了一串钥匙——显然，她有汽车，她正准备出门。就在那一刹那，绝望战胜了自傲，我脱口而出："您愿意让我搭个便车吗？我从没向别人这样要求过，可是……"

那位夫人显得很惊讶。

"啊，我刚刚搬来，就住在 4R 室。"我赶紧解释。

"这我知道，我见过你。"然后，她毫不犹豫地说，"当然，我愿意让你搭车。请等一下，我这就上楼拿汽车钥匙。"

"汽车钥匙？你手里拿的难道不是你的汽车钥匙吗？"我看着她手里的钥匙，问道。

"不是的，我只是下楼来取信，不过我很快就回来。"说完她就向楼上走去。我急忙叫道："夫人！请等等！我并不想勉强你出门，我只想搭个便车！"但是她很快就消失在楼梯拐角处。我觉得自己很窘。

然而，一路上，她温暖的语调很快让我平静下来。

"您使我想起了我的祖母，她是个慈爱的老人。"我感激地说。

听着我的话，她的嘴角露出了一丝微笑："就叫我艾莉丝奶奶吧，我的孙子都这么叫我。"

她把我送到了学校，我赶上了期终考试，而且顺利通过了。请艾莉丝奶奶帮忙对我而言是一次突破，这使我以后能轻松地问别人："有人和我同路吗？"实际上每晚都有三个同学开车从我家经过。"为什么你不早说呢？"他们几乎是异口同声地问。

当我回到公寓楼时，我正碰上艾莉丝奶奶从邻居家出来，"晚安，格林夫人！"那位邻居说。

格林夫人？她是那个患了癌症的女人！"艾莉丝奶奶"是格林夫人！我站在楼梯上几乎说不出话来。天啊，我所做的事情简直是不可饶恕的：我居然要一个与癌症做斗争的病人冒着暴雪送我去学校！

"嗯，格林夫人，"我不知所措地说，"我不知道您就是格林夫人。请原谅我！"

我拖着沉重的脚步向家走去，我怎么能做出这种事情？

几分钟后，有人敲我的房门——是格林夫人。"我可以跟你说句话吗？"她问。我点了点头，请她坐了下来。"我以前也很强壮，"她说，然后，她哭了，"过去我也能帮助别人。而现在每个人都来帮我，为我做饭，送我到我要去的地方。我不是不想感激，而是没有了机会。但是那晚，在我下楼去取信时，我在心中祈求上帝：让我再像正常人那样感受到帮助别人的快乐吧。然后，你走了过来……"

许多看似平常的东西，却往往是无价的

在我们平凡的生活中，许多看似平常的东西却往往是无价的。因为它往往是生命奉献的见证、是人间真情的缩影、是真诚感恩的标志。它是任何金钱都无法买到的，只能靠无私的奉献与付出才能换取。

怀特先生是个典型的生意人。他的人生目标就是赚钱。对他来说，只要能赚钱，使用任何手段都是正确的。为了钱他曾经出卖过朋友、欺凌过弱者，甚至牺牲过儿女的幸福。几十年下来，他虽然赚了几十辈子都花不完的钱，却成了一个孤家寡人。

在怀特先生家门口，有一个小小的邮箱，由于长年不用，早已

锈迹斑驳，即使用钥匙也打不开生锈的锁。因为，没有谁会给一个唯利是图的奸商写信。不过怀特先生对此一点也不在乎，他很清楚自己的财富时刻都在以令人瞠目结舌的速度增长，何况还有那么多人为了钱而拜倒在他脚下，这就够了。

不久，怀特先生家隔壁搬来了一位新邻居，赶巧的是那位新邻居竟也叫怀特。听说他曾在国外当医生，刚刚退休，回到伦敦养老。据怀特先生观察，这位怀特医生不过就是个庸庸碌碌的小老头，平日靠摆弄庭院的花草打发时间。

怀特医生到这里住的第一天，邮差在他家门口装了一个邮箱，大小跟怀特先生家门口那个差不多。信件紧跟着就源源不断地到来了，信件很多，没过多久，邮差为他换了个更大的邮箱。随着信件的到来，怀特先生的麻烦也来了。一些寄给怀特医生的信被误投进怀特先生的旧邮箱里，而且寄来的不仅仅是信，还有礼品。于是，怀特先生的管家不得不换下那生锈的锁，把邮箱重新刷一遍油漆，而且还一趟趟地将误投的信物交还给隔壁的怀特医生。其实两个怀特有着不同的姓，但偏偏那些信封上的收信人只写了"怀特先生"，外加门牌弄错，不误投才怪呢。

每到晴朗的午后，怀特先生就会偷偷站在窗口看着隔壁的怀特医生从自家邮箱里取出一摞摞的信件，然后乐滋滋地阅读那些来自远方的祝福。怀特先生心里充满了不快：凭什么是他？他算老几？渐渐地，这种愤懑变成苦恼。

有一天，邮差带着一件邮寄包裹来到怀特先生家。那是一件长长的挂号包裹，收信人写的是"怀特先生"，但凭直觉怀特先生马上明白这又是个被误投的东西。他瞥了一眼包裹的地址，发现落款竟然是纽约联合国总部。

怀特先生知道自己应该把东西送到怀特医生那里去，可他还是好奇地悄悄拆开包裹。他看见里面装着一根桃木拐杖，手工做的，打磨得很光滑，但式样一般，且不是很值钱。包裹里还有一张照片，上面是一个穿国际救援组织制服的年轻黑人女孩，站在一架货运飞机旁边，照片背面写着姓名地点和一个十四年前的时间。

怀特先生觉得更加奇怪了，他在地图上查了半天，最后才弄明白照片背面写的地点是非洲一个很小的地方。但是，十四年前的非洲发生过什么？这个受欢迎的邻居和这个黑人女孩到底有什么关系？他不明白。带着进一步探究的决心，怀特先生不动声色地将包裹原样缝合，亲自登门去交给怀特医生。

看着邻居很高兴地拄着桃木拐杖在屋子里试来试去，怀特先生好奇地问："这照片里的女孩是谁呀？"

"哦，我不记得了。"怀特医生轻描淡写地回答。

"可照片后面写清了姓名和地址啊。"怀特先生不解地追问。

"是这样的，我大学毕业就参加了国际卫生组织，其中有 20 年是在非洲原野上度过的。我曾在那里救护过很多生命垂危的黑人孩子，怎么可能记得每个孩子的名字？况且他们现在都长大成人了。"怀特医生平静地答道。

随后，怀特医生又搬出厚厚一堆来自世界各地的书信给怀特先生看。其中不少信里都附夹着照片，照片上不同肤色、各种年龄的男男女女展露着笑容，而这一切都源于怀特医生数年不断的无私帮助。

怀特先生看着眼前的东西，又是懊恼又是羡慕。怀特医生没有察觉到怀特先生的懊恼，还一个劲儿地试着桃木拐杖。

　　回到自己家里后，怀特先生独自躲进书房，直到深夜也没出来。惊慌的管家只得叫来秘书和私人医生，当他们打开书房门，却看见怀特先生正搂着一堆拐杖泪流满面。那些拐杖有檀香木的，有上好象牙的，还有红木镶纯金手柄的，每一支都质地精良价格昂贵。可是怀特先生却像个孩子似的，伤心地哭着对下属说："上帝，我多想像隔壁那个小老头一样拥有一根桃木拐杖啊。"不明就里的管家说："那根桃木拐杖？我们可以掏钱买下来。"怀特先生却哭得更伤心了，因为他知道用自己所有的钱也买不来那根桃木拐杖。是啊，许多看似平常的东西却往往是无价的。

　　慢慢地，怀特先生的公司业务里多出一些公益项目，有时是公益捐助，有时是免费为一些慈善机构运送物资，这些举动在从前简直是不可想象的。有一次，一个记者拿着话筒追问刚当选城市慈善基金会顾问的怀特"大老板"："您曾经说过自己的任何投入都要获得回报，现在做这些，是期望获得什么样的回报呢？"怀特先生面对镜头，笑着说："我想有人会寄给我一根桃木拐杖的。"

　　日子一天天平静地过去，怀特先生的身边又聚集起很多真诚的朋友，他与子女们也慢慢重新有了往来，而且，现在他家门口的邮箱里也开始有了来自四面八方的信件，而且是真正写给怀特先生的。

　　又一个春天来临的时候，怀特先生收到一封信，来自一个遥远国度的山区，那里刚刚经历了一场严重的地震。一个孩子在信里说："感谢您组织了一个庞大的义务船队，及时为我们运来药品和帐篷。我在院子里新种了一株樱桃，有一天我会送您一根樱桃木的拐杖，我保证，那一定是世界上最好的拐杖。"

能给予的人，不会贫穷

不要老是想从别人身上得到什么，而是应该想我能够给予别人什么，付出什么样的服务与价值来让对方先获得好处。因为那些获得你帮助的人会慢慢累积成一股庞大的力量，回馈你所需要的帮助与支持。

他，是一名教师。

教师节到了，一大群孩子争着给他送来了鲜花、卡片、千纸鹤……一张张小脸蛋洋溢着快乐，好像过节的不是老师而是他们。

有一份礼物很特别，是用硬纸做成的，硬纸板上画着一双鞋。看得出纸是自己剪的——周边很粗糙，图是自己的画的——图形很不规则，颜色是自己涂的——花花绿绿的，老师能穿这么花的鞋吗？旁边歪歪扭扭地写着："老师，这双皮鞋送给你穿。"看看署名像是一个女孩——这个班级他刚接手，一切都还不是很熟，从开学到教师节，也就十天。

他把这双"鞋"认真地收起来，"礼轻情义重"啊！

一天，他在批改作文的时候，发现了这个女同学送他这双"鞋"的理由。

她在作文里这样写道："别人都穿着皮鞋，老师穿的是布鞋，老师肯定很穷，我做了一双很漂亮的鞋子给他，不过那鞋不能穿，是画在纸上的，我希望将来老师能穿上真正的皮鞋。我没有钱，我有钱一定会买一双真皮鞋给老师穿的。"

　　这是一个不足十岁的小姑娘的心愿，这心愿是多么感人啊！他的心为之一动。但是，她怎么知道穿布鞋是穷人的标志？

　　他很想亲口问问她。

　　那是一个很干净很漂亮的女孩子，一双眼睛清澈得没有任何杂质。当她站到他面前的时候，他似乎找到了答案。因为此时她正穿着一双方口布鞋，鞋的周边开了花，这双布鞋显然与他脚上的这双布鞋不一样。

　　于是两人之间有了下面的对话：

　　"你爸爸在哪里上班啊？"

　　"爸爸待在家里，他下岗了。"

　　"你妈妈呢？"

　　"我不知道。爸爸说，她走了。"

　　他的目光再次落到她脚上的布鞋上，那是一双开了花的布鞋。

　　他小心地从抽屉里拿出那双"鞋"来。这时他感受到了这双鞋的分量。

　　她轻轻地问："老师你家里也穷吗？"他说："老师家里不穷。你家里也不穷。"

　　"可是同学都说我家里穷。"她说。

　　他亲切地说，你家里不穷，你很富有，你知道关心别人，送了那么好的礼物给老师。老师很高兴，你高兴吗？

　　她开心地笑了，笑得是那么甜。

　　你和老师穿一样的鞋子，你高兴吗？

　　她用力地点了点头。

　　他领着她走进教室。他问大家老师为什么穿布鞋呢？有的同学说，好看；有的说，透气，因为自己的奶奶也穿布鞋；有的同学说健身，因为自己的爷爷打拳的时候都穿布鞋。但没有人说他穷。他说穿布鞋是一种风格，而且布鞋透气、舒适、有益健康。

后来，这位老师告诉他的学生，脚上穿着布鞋心里却装着别人，是最让老师感到幸福的！只有富有的人才能给予别人幸福，能给予的人是不会贫穷的。

施恩其实是增加资产

同事与同事之间，即使是竞争对手，也需要有施恩不图报的思想去帮助同事完成某项任务，助人一臂之力，这会在不知不觉中为自己存下一份善果。

柏年是一名律师。他在美国的律师事务所刚开业时，他穷得连一台复印机都买不起。他的工作很辛苦。那时，移民潮正一浪接一浪地涌进美国的丰田沃土。他接了许多移民的案子，常常深更半夜被唤到移民局的拘留所领人，还不时地在黑白两道间周旋。他开一辆掉了漆的轰达车，在小镇间奔波，兢兢业业地执业律师的职务。终于"媳妇熬成了婆"，电话线换成了四条，扩大了办公室，又雇了专职秘书、办案人员，气派地开起了"奔驰"，处处受人尊敬。

但是，天有不测风云，人有旦夕祸福。一念之差，他将资产投资股票而几乎尽亏，更不巧的是，岁末年初，移民法又被再次修改，职业移民名额被削减，事务所顿时门庭冷落。他想不到从辉煌到倒闭几乎就在一夜之间。

就在这时，他收到了一封信，是一家公司总裁写的：愿意将公司30％的股权转让给他，并聘他为公司和其他两家分公司的终身法人代理。他不敢相信自己的眼睛。

他亲自找上门去。

总裁是一位四十多岁的波兰裔中年人。"还记得我吗？"总裁问。

他茫然地摇摇头。

总裁微微一笑，从身边的办公桌的抽屉里拿出一张皱巴巴的五块钱汇票，上面夹着的名片，印着柏年律师的地址、电话。

他实在想不起这是怎么回事。

"我清楚地记得，十年前，在移民局……"总裁开口了，"我在排队办工卡，排到我时，移民局已经快关门了。当时，我不知道工卡的申请费用涨了五块钱，移民局不收个人支票，我又没有多余的现金，如果我那天拿不到工卡，雇主就会另雇他人了。这时，是你从身后递了五块钱上来，我要你留下地址，好把钱还给你，你就给了我这张名片。"

终于，他也渐渐回忆起来了，但是仍将信将疑地问："后来呢？"

"后来我就在这家公司安定下来，很快我申请了两项专利。我到公司上班后的第一天就想把这张汇票寄出，但是一直没有。我单枪匹马来到美国闯天下，经历了许多冷遇和磨难。这五块钱改变了我对人生的态度，所以，我不能随随便便就寄出这张汇票。"

一个人很自然地会以恩惠报答恩惠，以怨仇回敬怨仇。这是由无数的事实证明了的。这符合一般的人性，也构成了大多数人类社会的文化。在中国，我们有"投之以桃，报之以李"，有"滴水之恩，当涌泉相报"；也有"君子报仇，十年不晚"，和"多行不义必自毙"。从博弈论角度看，这种最自然不过的对他人的反应，就是一种被称为"一报还一报"的最佳策略。一般来说，一个人总是做对他人有利的事，他就更有可能获得意想不到的回报；一个人总是做损害他人的事，他就更有可能遭受意想不到的灾祸。当人们认识到这一点时，就会主动约束自己，尽量少做坏事，多做好事。

下面我们来看看一个关于乞丐的故事：

一个可怜的乞丐来到他家门口，向母亲乞讨。他的右手连同整条手臂都断掉了，空空的衣袖晃荡着，让人看了很难受。他以为母亲一定会慷慨施舍的，可是母亲却指着门前一堆砖对乞丐说："你帮我把这堆砖搬到屋后去吧。"

乞丐非常生气地说："我只有一只手，你还忍心叫我搬砖？不愿给就不给，何必刁难我？"母亲没有生气，却俯身搬起砖来。她故意只用一只手搬，搬了一趟才说："你看，一只手也能干活。我能干，你为什么不能干呢？"

乞丐呆住了，他用异样的目光盯着母亲，喉结像一枚橄榄一样上下滑动了两下，终于俯下身子，用他唯一的一只手搬起砖来。一次只能搬两块。他整整搬了两个小时，才把砖搬完，累得气喘如牛，脸上沾了很多灰尘，几绺乱发被汗水濡湿了，斜贴在额头上。

母亲递给乞丐一条雪白的新毛巾。乞丐接过去，很仔细地把脸面和脖子都擦了一遍，白毛巾马上变成了黑毛巾。

母亲又递给乞丐二十元钱。

乞丐接过钱，很感激地说："谢谢你！"

母亲平静地说："你不用谢我，这是你自己凭力气挣的工钱。"

乞丐说："还是谢谢你，我不会忘记你的。"然后对母亲深深地鞠了一躬，就上路了。

几天后，又有一个乞丐来到他家门前，向母亲乞讨。母亲又让乞丐把屋后的砖搬到屋前，照样给了他二十元钱。

他迷惑不解地问母亲："上次你叫乞丐把砖从屋前搬到屋后，这次你又叫乞丐把砖从屋后搬到屋前。你到底想把砖放在屋后，还是放在屋前？"

母亲说："那没什么关系，这堆砖放在屋前和放在屋后都是一样的。"

他说："那就不要搬了。"

母亲摸摸他的头说："可对一个乞丐来说，搬砖和不搬砖可就大不相同了。"

此后又有几个乞丐来过，他家那堆砖就不断地被人屋前屋后地搬来搬去。

几年过去了。一天，有个很体面的人来到他家。他西装革履，气度不凡，跟电视上那些大老板一模一样。美中不足的是，这个老板只有一只左手，右边是一条空空的衣袖，一荡一荡的。

老板用剩下的那只手紧紧握住母亲的手，俯下身说："如果没有你，我现在还是个乞丐。因为当年你叫我搬砖，今天我才能成为一个公司的董事长。"

母亲说："我没做什么，这是你自己干出来的。"

独臂的董事长想把母亲一家人迁到城里去住，做城里人，过好日子。

母亲却说："我们不能接受你的照顾。"

"为什么啊？"

"因为我们一家人每人都有两只手。"

董事长坚持着："可是我已经替你们买好房子了。"

母亲笑着说："那你就把房子送给连一只手都没有的人吧。"

如果施恩图报，那还不如不施恩。时下，乞丐已经成为"骗子"的代名词，因此，施舍被视为不明智之举。可文中告诉我们，不要吝惜施舍，关键是方法，精神食粮的施舍是从根本上帮助了别人。给予他想要的东西不如教他如何取得想要的东西。

改变命运的简单的武器，"日行一善"

生活中我们总是一味地希望别人给我们一些什么，而我们却不曾想过要给予他人什么。人的确应该感恩的，感恩并不就是报恩，它不仅会让自己得到更广泛的爱，而且还会教导我们如何欣赏生活。

他的父亲是一位富有的大庄园主。

在他七岁之前，一直过着钟鸣鼎食的生活。20 世纪 60 年代，他所生活的那个岛国，突然掀起一场革命，他失去了一切。

家人带着他在美国迈阿密登陆的时候，全家所有的家当，是他父亲口袋里的一沓已被宣布废止流通的纸币。

为了能在无亲无故的异国他乡生存下来，从十五岁起，他就跟随父亲打工。每次出门前，父亲都这样告诫他：只要有人答应教你英语，并给你一顿饭吃，你就留在那儿给人家干活。

他的第一份工作是在海边的一个小饭馆里做服务生。由于他勤快、好学，很快便得到老板的赏识。为了能让他学好英语，老板甚至把他带到家里，让他和他的孩子们一起玩耍。

有一天，老板告诉他给饭店供货的食品公司正在招收营销人员，假若他乐意的话，自己可以帮助引荐。于是，他获得了他的第二份工作：在一家食品公司做推销员兼货车司机。

父亲在他临去上班时告诉他："我们祖上有一条遗训，叫'日行一善'。在家乡时，祖辈们之所以成就了那么大的事业，都得益于这四个字。现在你到外面去闯荡了，最好能记住它。"

可能就是因为这四个字吧，当他开着货车把燕麦片送到大街小巷的店时，他总是做一些力所能及的善事，比如帮店主把一封信带到另一个城市；让放学的孩子顺便搭一下他的车。就这样，他乐呵呵地干了四年。

在他工作的第五年，他接到总部的一份通知，要他去墨西哥，统管拉丁美洲的营销业务，理由据说是这样的：该职员在过去的四年中，个人的推销量占佛罗里达州总销售量的40%，应予以重用。

后来的事基本上就顺理成章了。他打开拉丁美洲的市场后，又被派到加拿大和亚太地区。1999年，他被调回了美国总部，任首席执行官。

随后，他被美国猎头公司列入可口可乐、高露洁等世界性大公司首席执行官的候选人名单。美国总统布什在竞选连任成功后宣布，提名卡罗斯·古铁雷斯出任下一届政府的商务部部长。这正是他的名字。

当前卡罗斯·古铁雷斯这个名字已成为"美国梦"的一个代名词。但是，世人很少知道古铁雷斯成功背后的故事。前不久《华盛顿邮报》的一位记者去采访古铁雷斯，就个人命运让他谈谈看法。古铁雷斯说了这么一句话："一个人的命运，并不一定只取决于某一次大行动，我认为更多的时候，取决于他在日常生活中的一些小小善举。"

　　后来，《华盛顿邮报》用"凡真心助人者，最后没有帮不到自己的"作为标题，对古铁雷斯做了一次长篇的报道。在这篇报道中，记者议论说，古铁雷斯的成功是因为他发现了改变自己命运的最简单武器，那就是"日行一善"。

IN THE FUTURE, YOU WILL THANK YOURSELF
FOR WORKING HARD NOW

第五章 ▷

穿过黑夜，便能自由飞翔

在这个大千世界里，有风和日丽的春天，也有冰封雪飘的寒冬；有阳光雨露的滋润，也有冷风苦雨的侵袭。

人生是一场漫长的旅程，有平坦的大路，也有崎岖的小路；生活不仅仅是沐浴甘霖的绿叶、吮吸晨露的花朵，现实赐予我们的也并非都是鲜花和掌声，其间也夹着泪水与痛苦，坎坷与艰辛，交融着酸甜苦辣，我们无从选择、无法回避。

约束，是帮助我们进步的动力之源

有的时候我们就像这只风筝。命运给我们逆境、约束和规则让我们从中得到锻炼，这样我们才能够长得更强壮，收获到更多。

在一个多风的春日，我看到一些年轻人正在放风筝，他们玩得很开心。那些色彩斑斓的风筝外形各异、大小不一，看起来像一群美丽的鸟在天空中飞舞。当风筝被狂风吹得偏离时，年轻人们就拉紧、调整手中的线。

风筝没有被吹走，而是升到了更高的位置。它们摇着扯着，但是控制它们的线和笨重的尾巴拖着它们，于是它们只能逆风向着更高的方向飞着。它们挣扎着、摇晃着想要摆脱线的束缚，好像在说："让我走！让我走！我想要自由！"它们越是挣扎着想摆脱线的控制，便飞得越优美。最后，有一只风筝成功地挣脱了。它好像在说："终于自由了。可以跟着风自由飞翔了。"

然而，刚刚获得自由的风筝又受到无情的风的支配。它最后笨拙地坠向地面，落到了一堆杂草丛里，线缠在一棵干枯的灌木上。"最终的自由"就是摆脱原有的障碍，能够自由地——实际是无力地躺在污泥里、沿着地面被风吹着走、寄居在某个地方。

有的时候我们就像这只风筝。命运给我们逆境、约束和规则让我们从中得到锻炼，这样我们才能够长得更强壮，收获到更多。约束就像是控制风筝的线，能让我们飞得更高。我们中的一些人努力地挣脱着这些约束，所以我们永远也到不了本可以到达的高度。我们只遵守部分戒律，这不足以让我们的尾巴离开地面。

让我们每个人都上升到本可以到达的最大高度，并且我们需要认识到——那些常常让我们烦躁的约束实际上是能够帮助我们不断进步的动力之源。

感谢生命的美好

她临终时我如约来到她的床前，她没有反应，其实她在两天前就已经昏迷。她死了，我也疲倦地靠在椅子上不想再动，无意间抬头，却见电线在猛烈地摇晃。

——叶广芩

我学医、行医加起来前后有二十年，在这二十年的时间里，我看到了不少生与死。生命的诞生大致相同，但生命的逝去则千态万状，让人刻骨铭心，难以忘却。我常想起那些与我擦肩而过又归于冥冥的生命，想起他们起步的刹那以及留给生者的思索，从而感到生与死连接得是那么紧密与和谐。那一个个生命的逝去，已成为一块块残缺的记忆碎片，捡拾这些碎片是对生的体味、命的审视，是咀嚼一颗颗苦而有味儿的橄榄。

那时年轻，不知何为生死。我的班长与我是"一帮一，一对红"，我们常常坐在水泥池子的木板上谈心。我们谈的常是一些很琐碎的事情，诸如跑步掉队、背后议论人、梳小辫臭美等。我们屁股下面的池子里，黄色的福尔马林液体中泡着三具尸体，两男一女，他们默默地听了不少我们之间的事情。

有一天，班长说，他将来死后要把遗体献给学校，为医学教育做贡献，我才突然觉得池子里面躺着的是三个"人"。

水泥池子上的木板很硬，很凉，药水的气味也很呛人。

"文革"时，他从八楼楼顶上跳下来，当时我恰巧从下面走过，他摔在我的面前，我下意识地奔过去，以为这是一个玩笑。他很平静地侧卧在地上，没有出血，脸色也相当红润。他看着我，想说什么，嘴唇动了一动，但只是两三秒的工夫，他面部的血色便褪尽，眼神也变得黯淡，我随着那目光追寻，它们已投向了遥远的天边。

三天后我看见他从湖南赶来的老父亲默默地坐在太平间的台阶上，望着西天发呆，老人的目光与儿子的如出一辙。

西面的天空是一片凄艳的晚霞。

她是个临产的产妇，长得很美，在被我推进产房的时候她丈夫拉着她的手，她丈夫很英俊。这是对美丽的夫妻，他们一起由南方调到这偏僻的山里研究制造原子弹。平车在产房门口受到阻遏，因为夫妻俩那双手迟迟不愿松开。孩子艰难地出了母腹，是个可爱的男婴，却因脐带绕颈而窒息死亡，母亲突发心衰，抢救无效，连产床也没有下……这一切的发生前后不到两个小时……我走出产房，她的丈夫正在门外焦急地等候，我把这个消息告诉他，他说，他想躺一躺。我把他安排在医生值班室让他歇息。

半个小时以后，我看见他慢慢地走出了医院大门。

儿子在母亲的病床旁，须臾不敢离开，医生说就是这一两天的事了。儿子才从大学毕业，是独子，脸上还带着未经世事的稚气。母亲患了子宫癌，已无药可治。疲惫不堪的儿子三天三夜没有合眼，母亲插着氧气在艰难地喘息，母子俩都怀着依依不舍的心紧张地等待着那一刻的到来。中午，儿子去食堂买饭，我来替他守护，母亲一阵躁动，继而用目光寻找什么，喉咙里发出呼噜呼噜的声响，我赶紧到她跟前，那目光已在失望中定格。

儿子回来时，母亲的一切都已结束，他大叫一声扑过去，不顾一切地将那些撤下来的管子向母亲身上使劲插……

撤在地上的午饭深深地印在了我的脑海里。

我给一个六岁的男孩做骨髓穿刺的时候孩子咬牙挺着，孩子的母亲在门外却哭成了泪人儿。粗硬的带套管的针头扎进嫩弱的髂骨前上脊，那感觉让我战栗，是作为医生不该有的战栗，我知道，即使打了麻药，抽髓刹那的疼也是令人难以忍受的，而孩子只是一声轻轻的呻吟。取样刚结束，孩子的母亲就冲进治疗室，一把抱起她的儿子，把他搂得很紧很紧。孩子挣脱母亲的搂抱。回过身问我："这回我不会死了吧？"我坚定地回答："不会。"

半个月后，孩子蒙着白布躺在平车上被推出病房，后面跟着他那痛不欲生的母亲。临行前，我将孩子穿刺伤口的纱布小心取下，他在那边应该是个健康、完整的孩子。辘辘的车声消逝在走廊尽头，留下空空荡荡的楼道。

她是养老院送来的，她说她不怕死，怕的是走之前的孤独。我说我会在她身边的。她说，我怎么知道你在呢，那时候我应该都糊涂了。我说我肯定在。她说，都说人死的时候灵魂会与肉体分离，悬浮在空气中，我想那时我会看见你的。于是她就去看天花板，又说，要是那样我就绕在那根电线上，你看见哪根电线在动，就说明我在向你打招呼呢。我笑笑，把这些看作是病人的遐想。

她临终时我如约来到她的床前，她没有反应，其实她在两天前就已经昏迷。她死了，我也疲倦地靠在椅子上不想再动，无意间抬头，却见电线在猛烈地摇晃。

窗外下着雨，还有风。

这样的碎片每位医生都会有很多，它们并不闪光，它们也很平常。但正是在这司空见惯中，蕴含着一个个你我都要经历的故事，我们无法回避，也无法加以任何评论，只能顺其自然。生命是美好的，生命也是艰难的。有句话说"未知生焉知死"，我想它应该这样理解，"未知死焉知生"。我想起 1985 年在日本电视里看到的一个情景：那年八月，由东京飞往名古屋的波音 747 飞机坠毁在群马大山，机上 224 人，有 220 人遇难。飞机出事前的紧急关头，一位乘客匆忙中写下了一张条子：感谢生命。

谢谢你，让我又找回了自己

原谅是一种风格，宽容是一种风度，宽恕是一种风范。

一个周五的早晨，格兰的礼品店依旧很早开门。格兰静静地坐在柜台后边，欣赏着礼品店里各式各样的礼品和鲜花。

忽然，礼品店的门被推开了，走进来一位年轻人。他的脸色显得很阴沉，眼睛浏览着礼品店里的礼品和鲜花，最终将视线定格在一个精致的水晶乌龟上面。"先生，请问您想买这件礼品吗？"格兰亲切地问。可是，年轻人的眼光依旧很冰冷。"这件礼品多少钱？"年轻人问了一句。"50 元。"格兰回答道。年轻人听格兰说完后，伸手掏出 50 元钱甩在柜台上。格兰感到很奇怪，自从礼品店开业以来，她还从没遇到过这样豪爽、慷慨的买主呢。"先生，您想将这个礼品送给谁呢？"格兰试探地问了一句。"送给我的新娘，我们明天就要结婚了。"年轻人依旧面色冰冷地回答着。格兰心里咯噔一下：
什么，要送一只乌龟给自己的新娘，那岂不是给他们的婚姻安上了
一颗定时炸弹？格兰沉重地想了一会，对年轻人说："先生，这件礼
品一定要好好包装一下，才会给你的新娘带来更大的惊喜。可是今
天这里没有包装盒了，请你明天早晨再来取好吗？我一定会为您赶
制一个新的、漂亮的礼品盒……""谢谢你！"年轻人说完转身走了。

第二天清晨，年轻人早早地来到了礼品店，取走了格兰为他赶
制的精致的礼品盒。

年轻人匆匆地来到了结婚礼堂——但新郎不是他而是另外一个
年轻人！他快步跑到新娘跟前，双手将精致的礼品盒捧给新娘。而
后。转身迅速地跑回了自己的家中，焦急地等待着新娘愤怒与责怪
的电话。在等待中，他的泪水扑簌簌地流了下来，有些后悔自己这
样做。傍晚，婚礼刚刚结束的新娘便给他打来了电话："谢谢你，谢
谢你送我这样好的礼物，谢谢你终于能明白一切了，谢谢你能原谅
我了……"电话的一边新娘高兴而感激地说着。年轻人万分疑惑，
他什么也没说，便挂断了电话。但他似乎又明白了什么，迅速地跑
到了格兰的礼品店。推开门，他惊奇地发现，礼品店的橱窗里依旧
静静地躺着那只精致的水晶乌龟！

一切都已经明白了，年轻人静静地望着眼前的格兰。而格兰依
旧静静地坐在柜台后边，冲着年轻人轻轻地微笑了一下。年轻人冰
冷的面孔终于在这瞬间流露出感激与尊敬："谢谢你，谢谢你，让我
又找回了我自己。"

原谅是一种风格，宽容是一种风度，宽恕是一种风范。格兰只
是将水晶乌龟这样一件定时炸弹似的礼品换成了一对代表幸福和快

乐的鸳鸯，竟在这短短的时间内最大限度地改变了一个人冰冷的内心世界。给人一点宽恕，它将带给一个人重新获取新生的勇气，去直面他人生中的另一个幸福时刻。

保持不屈不挠的生活态度

对勇气的最大考验，就是看一个人能否做到败而不馁。

意大利裔美国人李·亚柯卡可能是继亨利·福特与阿尔夫雷德·斯隆之后最优秀的汽车公司老板了，而且经历传奇——年纪轻轻便成了福特汽车公司的总裁，创造几十亿美元的利润，随后又在克莱斯勒汽车公司濒临倒闭之时令其扭亏为盈。

亚柯卡在上小学时，曾因自己的移民身份遭受到同学们的歧视，但他内心深处却继承了父母那不屈不挠的生活态度。

亚柯卡在校期间学习十分刻苦，成绩也很优秀。他和很多美国小孩子一样，课余时间经常去附近的市场进行服务，或者到水果店打短工，以赚取一点零用钱。可令人意想不到的是：十五岁时，他竟然接受别人的建议，开始致力于汽车生意。他的父亲尼古拉平时不许儿子骑自行车，但当儿子年满十六岁时，他却慷慨地使儿子成为整个卑伦顿市第一个拥有一辆福特汽车的小伙子。

亚柯卡从有名的利海大学毕业后找工作时，在二十家公司中毫不犹豫地选择了福特公司。挑剔的福特公司也看中了这位不平凡的小伙子。但恰在此时，普林斯顿大学为亚柯卡提供了研究生奖学金，亚柯卡便放弃了进福特公司的第一次机会，进入普林斯顿大学进修政治课和塑料课。1946 年 8 月，爱惜人才的福特公司再次为这位踌躇满志的小伙子敞开了大门，亚柯卡作为一名见习工程师，迈出了他传奇生涯的关键一步。

亚柯卡在学校时学的是工程学，但是在福特公司接受全过程培训的时候，他却猛然发现自己对工程学根本毫无兴趣。于是他主动迈出了关键性的第二步：他选择了到汽车销售部门工作。他那旺盛的精力和聪明才智使他很快地就掌握了汽车销售工作的规律。不久，他就被提拔为地区经理，从此开始了他在福特公司平步青云的上升时期。

在那段日子里，亚柯卡从福特公司东海岸地区经理查利那里学到了很多管理方面的东西。尽管在 20 世纪 50 年代初由于全美经济萧条而导致公司裁员，亚柯卡也因此被无缘由地降了一级，但没过多久，他就又被提升为费城地区销售副经理。

1958 年，福特汽车受众多汽车公司的冲击，销路不佳。亚柯卡担任费城地区销售副经理期间，福特汽车并不好卖，他便别出心裁地提出分期付款的销售计划：允许顾客在支付 80％的车款后分三年将余款付清——这正是今天汽车金融信贷的前身。

这一销售办法大获成功，也很快被福特公司定为全国性销售策略的一部分。亚柯卡也为此连获提升。1960 年，亚柯卡接任公司副总裁和福特部总经理的职位，当时年仅三十六岁。

但是，1970 年，四十六岁的亚柯卡成为福特汽车公司总裁后，由于和福特家族继承人的矛盾激化，终被解雇。一怒之下，他转投克莱斯勒公司。上任几个月，突然爆发伊朗危机，油价上涨一倍。美国遭受了五十年来最严重的一次经济危机。亚柯卡的拯救策略是：降低管理层年薪；将坦克事业部出售给通用汽车公司，并通过裁员和精简机构，每年为公司节省开支 5 亿美元。另外，在一片反对声中，亚柯卡向政府申请 10 亿美元的贷款担保。

意外获得 15 亿美元担保后，亚柯卡有机会再次展示他对汽车市场的敏感：漂亮小巧且节省汽油的 K 型车带来了 100 万辆的销量。这笔收入成为研发新车型的资金，克莱斯勒汽车公司从此踏上正轨。

帮助别人，不祈求回报

我在借钱给胡弗的时候，从来就没想过让他还，我只当送给他一些礼物而已。我只是在尽我的一点能力帮助他，并不希望得到他的回报。

在爱尔兰的一个小镇上，住着一对父子。父亲是小镇上的裁缝，虽然小镇上人口不多，生意清淡，但因为他手艺精湛，为人和善，人们都乐意照顾他的生意，日子倒也不很拮据。儿子乔丹正在上中学。每天放学的时候，乔丹就会到父亲的小店里帮忙。他的主要任务就是把顾客送来的衣服或布料做记号，然后把取衣票拿给顾客。做完这些工作以后，乔丹就会站在窗口朝街上张望，他喜欢看街对面那些熟悉的小酒店、小面包房，还有街上来来往往的行人。小镇上的人都认识这一对父子——当有人路过他们家小店，看到东张西望的乔丹时，都会停下来，热情地跟他打个招呼，乔丹也会对他们笑一笑，以示回应。不过，有一个人很特殊，他从来不跟乔丹打招呼，甚至从来都不看他一眼。

他叫胡弗，是镇上有名的怪人。他一年四季都戴着一顶黑帽子，穿着一件破旧的黑色皮夹克，脚上穿着一双开了线的黑靴子，整天把自己裹得严严实实的，因此，大家都叫他"装在套子里的人"。胡弗是一个游手好闲的人，白天在街上东走西逛，到了晚上乔丹父子快要收工休息的时候，他就会来到小店里，向乔丹的父亲要钱。

这天，快到收工的时间了，乔丹又看见胡弗慢慢地朝着小店走来，他急忙大声对父亲说："爸爸，咱们赶紧关门吧！"他以为胡弗听到他的话后，就不会再走过来。但是胡弗仿佛没有听到他的话似的，还是径直过来了。他推开门，大模大样地进了屋。乔丹闻到他身上发出一股难闻的味道，连忙转过身去，装作没看见他。这时，乔丹听到胡弗对他的父亲说道："我这几天没钱了，你能不能借我几块钱？"父亲马上从口袋里找出两块钱来，对胡弗说："拿去吧，不过别再去买酒喝了，给孩子买点面包和牛奶吧，别让他们饿着。"胡弗点点头，道了声谢就走了出去。父亲来到窗边，关切地望着远去的胡弗，直到看到胡弗走进面包房拎着一些牛奶和面包出来，他才关门休息。

乔丹已经记不清父亲有多少次这样做了，他从来没有见过胡弗还钱，也从没听父亲抱怨过。当乔丹长大后，忍不住问父亲："以前您为什么总是借钱给胡弗，他可从来没有还过，而且，你明知道他借的钱大部分都拿去喝酒了。"父亲盯着乔丹看了一会儿，说道："我在借钱给胡弗的时候，就从来没想过让他还，我只当送给他一些礼物而已。我只是在尽我的一点能力帮助他，并不希望得到他的回报。"

一句不经意的赞赏，带给他人莫大的改变

因为一句不经意的赞赏，即使它是能带来苦难的台风之夜也都变得值得追忆起来。

伊莎贝拉有着动听的名字，但是她知道，同事背后都叫她"黑脸伊莎"。明明自己的能力最高，业务完成得最快最好，却没有人和她亲近，反而大家都喜欢一个叫艾伦的业绩中等的人。自觉被冷落的伊莎贝拉做不出主动讨好的事，与同事的关系渐渐疏远，事情变得越来越糟糕。

因为一直担忧工作上的事，晚上哄女儿睡觉时就有些漫不经心。可好动的女儿却不肯安睡，一直嘀嘀咕咕着什么。

"妈妈，我最喜欢的就是台风。"女儿突然说。

伊莎贝拉有些惊讶，又有些生气：每次台风一到，有多少人的家园被毁，生活的节奏也会被打乱，而女儿却说她喜欢台风。

"为什么？"注视着女儿纯真的双眼。伊莎贝拉更多的是感到不解，就尽量平静地问。

"因为有一次刮台风的时候停电了，我拿着蜡烛在屋里走来走去，你说我看起来像个小天使……"

那是许多年前的事了吧？伊莎贝拉讶然无语，年幼的女儿竟然一直记得自己的一句话，并且因为喜欢在烛光里像天使的那般感觉，女儿竟附带地喜欢了台风之夜。因为一句不经意的赞赏，即使它是能带来苦难的台风之夜也都变得值得追忆起来。

此后，同事们发现"黑脸伊莎"变了，会懂得适时称赞别人的优点、承认自己的不足之处。即使伊莎贝拉第一次开口时，双方都很尴尬，但大家很快接受了这样的伊莎贝拉。不久，伊莎贝拉的职务就得到了提升。

活在当下，珍惜眼前的一切

乐观者和悲观者各自寻求的东西不同，因而对同样的事物，就采取了两种不同的态度。

弗兰克斯少校躺在死气沉沉的病房内，对着圣诞树发呆。这本是一年中最快乐的时候，而弗兰克斯却伤感不已。七个月前在柬埔寨时，一块手榴弹片戳进了他的左腿。医生已确定为他做截肢手术。

弗兰克斯毕业于西点军校，在校时是棒球队队长。他曾下定决心终身从军，但现今看来，退伍似乎是唯一的选择。尽管弗兰克斯感觉自己仍有许多东西，比如作战经验、技术知识、解决问题的能力，可以贡献给部队，不过他也知道，受过重伤的军人很少有回到现役的：他们必须通过每年一次的健康考核，包括徒步行军两英里。弗兰克斯吃不准自己戴着假肢能否胜任那种事情。

手术后最让弗兰克斯感到悲哀的是：他再也不能在棒球场上一展雄姿了。在每周举行的棒球赛中，轮到他击球时，都得靠别人代他跑垒。

有一天在等候击球轮次时，弗兰克斯注意到一名队友滑进了第三垒。他寻思：如果我做同样的尝试，情况会怎样呢？

当弗兰克斯击球时，他一棒把球击到了场中央。他挥手叫替代他的跑垒者让开，自己迈动僵硬的腿，开始了痛苦的跑步。在第一垒和第二垒之间，他瞅见外野手将球抛向第二垒的守垒员。他于是闭上眼，拼命使自己往前冲，一头滑进了第二垒。裁判喊道："安全入垒！"弗兰克斯欣慰地笑了。

几年后，弗兰克斯率领一个中队穿越恶劣的地形进行战地训练。上司怀疑一位截肢者能否接受这种挑战，但弗兰克斯用行动做出了肯定的回答。"这使我跟士兵们的关系更为密切，"他说，"每当我的假肢陷入泥泞时，我就叮咛自己：'这便是你无腿可站时的情形。'"

今天，弗兰克斯已晋升为四星上将。"失去一条腿使我认识到：限制因素的大小，取决于你的态度。"他感慨地说，"关键是要集中全力于你所拥有的，而不是你所没有的。"

人们眼睛见到的，往往并非事物的全貌，只是看见了自己想寻求的东西。要获得成功、活得快乐，就必须先摆正自己的态度。

不信任朋友，比被朋友欺骗更可怕

诺尼闭上眼睛，祈祷犬的攻击快一些结束。他感觉到犬的爪子踩着他的大腿，犬呼吸时喷出的热气冲击着他的脖颈。他随时都要放声尖叫。

饿到第三天的晚上，诺尼想到了尼玛克。在这座漂浮着的冰山上，除了他们两个以外，再也没有别的有血有肉的生灵了。

冰块裂开时，诺尼失去了他的雪橇、食物和皮大衣，甚至失去了他的小刀。冰山上只留下他和他那忠实的雪橇犬——尼玛克。现在，他们两个卧在冰上，睁大眼睛注视着对方——双方保持着一定的距离。

诺尼对尼玛克的爱是真真实实的——就像这又饿又冷的夜晚和他伤腿上的阵痛一样真实。但是，村里的人在食物短缺的时候，难道不会毫不迟疑地杀犬充饥吗？

"尼玛克饿久了也要寻觅食物的，我们当中的一个很快就要被另一个吃掉。"诺尼想。

空手他可能杀不死尼玛克，这畜生身强体壮，现在又比他有劲，所以，他需要武器。

诺尼脱去手套，解下伤腿的绷带。在几个星期以前，他摔伤了腿，用两块小铁片和绷带捆扎固定。

他跪在冰上，把一块小铁片插入冰块的裂缝中，把另一块铁片紧贴在上面，慢慢地磨。尼玛克看着他，诺尼觉得犬的两眼似乎闪着异光。

诺尼仍然磨着铁片，尽量不去想磨铁片干什么。铁片的边磨薄了。天亮时分，小刀磨好了。

诺尼从冰块中拔出小刀，用拇指轻轻试着刀锋。太阳光照在小刀上，折射到他眼里，使他一时看不见东西。诺尼硬起心肠来。

"来，尼玛克。"他轻声叫犬。

尼玛克迟疑地看着他。

"过来。"诺尼叫到。

尼玛克上前来，诺尼从它盯着自己的眼睛里看到了恐惧，从它的喘气声和缩头缩脑的样子里感觉到了饥饿和痛苦。他的心在流泪，他痛恨自己，又竭力压制这种感情。

尼玛克越走越近，它已经意识到了诺尼的意图。诺尼感到喉咙梗塞，他看到犬的眼里充满了痛苦。

好！这下是动手的时候了！

一声痛苦的抽咽使诺尼跪立着的身体一阵震颤。他诅咒小刀，紧闭两眼，摇摇晃晃地把刀子扔得老远。然后，他张开空空的双手，蹒跚着扑向尼玛克，他倒下去了。

犬围着诺尼的身体打转，嗥叫着。诺尼感到极度的恐惧。

他已经扔掉了小刀，解除了武装。他太虚弱了，再也不能爬过去取刀子。现在只有听任尼玛克的摆布了，而且尼玛克也非常饥饿。

犬围着他转，然后从后面扑了上来。诺尼可以听到这畜生喉咙里的吞咽声。

诺尼闭上眼睛，祈祷犬的攻击快一些结束。他感觉到犬的爪子踩着他的大腿，犬呼吸时喷出的热气冲击着他的脖颈。他随时都要放声尖叫。

然而，他感觉到犬滚烫的舌头直舔他的脸。

诺尼睁开眼睛张开手，抱住尼玛克的头。头靠着头，他轻轻地哭了……

一小时后，一架直升机出现在北边天空。飞机上一个海洋巡逻队的小伙子俯视着下面，他看到了漂移着的冰山，发现冰山上有什么东西在闪光。

这是太阳光折射在什么东西上面，而且一闪一闪地在动。他让飞行员降低飞机，看到冰峰的阴影下，有一个不动的像人一样的黑影。怎么，还有两个黑影？

他把飞机降落在一块较平的冰面上，然后上了冰山，黑影是两个——一个小男孩和一条爱斯基摩雪橇犬。小男孩已经昏了过去，但仍活着。那条犬无力地哀叫着，已经衰弱得一动也不能动了。

吸引了飞机上巡逻队员注意力的闪光物质是一把粗糙的小刀，刀尖向下插在不远的冰上，在风中摇曳着。

仅想着自己的人，伤心的事情一定多

如果一个人仅仅想到自己，那么他一生里，伤心的事情一定比快乐的事情来得多。

谢伍德·安德森是 20 世纪初美国著名的作家。他曾写下广受赞誉的小说《俄亥俄州瓦恩堡镇》，影响了许多年轻人。

1919 年，一个在欧洲大战中受伤的年轻人搬到了芝加哥的一处公寓，住在了离安德森很近的地方。他经常和安德森一起散步，和安德森谈文学、人生以及写作技巧。这个年轻人是在读了安德森的作品后才认识到文学力量的强大，当他和安德森接触后，安德森为人处世的观点更深地影响了他。

后来年轻人离开了芝加哥，安德森也搬到了新奥尔良。几乎和上次一样，一个同样受安德森作品影响的年轻人慕名拜访了他，并虚心向他求教。安德森一样毫无保留地帮助他，还把他介绍给自己所认识的出版商，帮助他出版了他的第一部小说。

许多年过去了，安德森从未拒绝过任何一个向他求教的年轻人，他用他的作品和人格影响了许许多多的读者和著名作家。著名的文学评论家考利称赞安德森是"唯一把他的特色和视野流传到下一代的人"。

有必要补充一下前面那两个年轻人的情况。第一个年轻人在 1926 年发表了他的第一本小说，赢得了广泛的赞誉。作品的名字是《太阳照样升起》，这个年轻人的名字是海明威。

第二个年轻人在安德森帮助他的几年后写出了享誉全美的杰作《喧哗与骚动》，他的名字叫福克纳。

许多人不明白到底是什么原因使安德森如此慷慨，愿意把人生最宝贵的东西——时间和写作技巧传给年轻人。也许答案在这里：安德森曾受教于另一个前辈作家——伟大的德莱塞。

不再为已经过去的那些事悲伤

环境本身并不能使我们快乐或者是不快乐，我们对周围环境的反应才能决定我们的感觉。

那一天，伊丽莎白·康妮接到国防部的电报，说她的侄儿——她最爱的一个人——在战场上失踪了。

康妮一下子心跳不止，寝食难安。过了不久，她又接到了阵亡通知书，此时，她的心情无比悲伤。

在那件事发生以前，康妮一直觉得命运对自己很好。她说："伟大的上帝赐给我一份我喜欢的工作，又让我顺利地抚养大了相依为命的侄儿。在我看来，我侄儿代表着年轻人美好的一切。我觉得我以前的努力，现在都应该有很好的收获……"

然而，现在却来了这样一份电报，她的整个世界都被粉碎了，她觉得再也没有什么值得自己活下去了，她找不到继续生存下去的借口。她开始忽视她的工作，忽视她的朋友，她抛开了生活的一切，对这个世界既冷淡又怨恨。"为什么我最爱的侄儿会死？为什么这么个好孩子——还没有开始他的生活就离开了这个世界？为什么他会死在战场上？"她觉得自己没有办法接受这个事实。她悲伤过度，决定放弃工作，离开家乡，把自己藏在眼泪和悔恨之中。就在她清理桌子准备辞职的时候，突然看到一封她已经忘了的信——一封她的侄儿生前寄来的信。当时，他的母亲刚刚去世。侄儿在信上说："当然我们都会想念她的，尤其是你。不过我知道你会平静度过的，以你个人对人生的看法，就能让你坚强起来。我永远不会忘记那些你教给我的美丽的真理。不论我在哪里生活，不论我们分离得多么遥远，我永远都会记得你的教导，你教我要微笑面对生活，要像一个男子汉一样承受一切发生的事情。"

康妮把那封信读了一遍又一遍，觉得侄儿就在自己的身边，正在和自己说话。他好像在对自己说："你为什么不照你教给我的办法去做呢？坚持下去，不论发生什么事情，把你个人的悲伤藏在微笑的下面，继续生活下去。"

侄儿的信给康妮以莫大的鼓舞，她觉得人生又充满了期待，她又回去工作了。她不再对人冷淡无礼。她一再对自己说："事情到了这个地步，我没有能力改变它，不过我能够像他所希望的那样继续活下去。"

康妮把所有的思想和精力都用在工作上，她写信给前方的士兵——给别人的儿子们；晚上，她参加成人教育班——要找出新的兴趣，结交新的朋友。她几乎不敢相信发生在自己身上的种种变化。她说："我不再为已经过去的那些事悲伤，现在我每天的生活都充满了快乐——就像我的侄儿要我做到的那样。"

乔治五世挂在白金汉宫的一句名言是："不要为月亮哭泣，也不要因事后悔。"我们必须深知覆水难收的道理。

积极地思考，努力寻求解决的办法

对于有志者来说，苦恼越多就越充满活力，因为这意味着：摆脱这些苦恼，你就升华了人生。

有一天，迪斯克走在纽约的第五大街上，朋友乔治从对面走过来。他神情忧郁、郁郁寡欢，十分憔悴，情绪非常低落。迪斯克很同情他，和他打招呼："乔治，你好吗？"

他向迪斯克诉说了他不如意的近况，愈听他说，迪斯克就愈加怜悯他。

"为什么受了那些冲击，你就消沉下去了呢？"

他听了之后有些气急败坏地说："苦难太多了，倒霉的事接二连三，真是够晦气的！我再也受不了了。"他激动得几乎忘了和谁在说话，恨恨地诉说着自己遭遇的苦难。

就在乔治说个没完的当儿，迪斯克插嘴道："乔治，我很希望能帮助你，能不能告诉我，我应该怎么做？"

他几乎是惨叫般地说："真的吗？那就帮我赶走苦难吧！如果能做到，我们将会成为永远的好朋友。"

任何时候我们都希望有机会与人成为莫逆之交。把乔治所处的境遇仔细思考后，迪斯克终于想到了一个解决方法。一个也许会令他不太愉快但至少是实际的方法。迪斯克问他："乔治，请你诚实地回答，你刚才说希望赶走大部分的苦难，事实上，你是想最好就在这里把全部的苦难都赶走吧？"

"不错，我已经到了忍耐的极限了。"他表情沉闷地回答道。

"知道了。我相信可以帮得上忙。前几天我到一个地方去办事，那里的负责人说他们那里有十万人，但没有一个人有苦恼。"

乔治的眼睛第一次亮了起来，脸色红润，他由衷地说："那正是我希望的地方，请带我去那里吧！"

迪斯克回答说："不过，那里是乌德伦墓地。"

面对人生旅途上遇到的一切问题，要冷静地面对，理性地思索，努力寻求应对和解决的办法，而不是怨天尤人，放任消沉。

为了赶走忧虑的情绪，不妨让自己忙碌起来

我们不可能既激动、热诚地想去做一些很令人兴奋的事情，又因为忧虑而拖延下来。为了赶走忧虑的情绪，你不妨让自己忙碌起来。

马利安·道格拉斯的家里曾遭受过两次不幸。

第一次，他失去了五岁的女儿，一个他非常钟爱的孩子。

他和妻子都以为他们没有办法忍受这个打击。更不幸的是，十月后，他们又有了另外一个女儿——但她仅仅活了五天。

这接二连三的打击使人几乎无法承受，这位父亲睡不着、吃不下、无法休息或放松，精神受到致命的打击，信心丧失殆尽。吃安眠药和旅行都没有用。他的身体好像被夹在一把大钳子里，而这把钳子愈夹愈紧。

不过，感谢上帝，他还有一个四岁的儿子。他教给了道格拉斯解决问题的方法。

一天下午，道格拉斯呆坐在那里为自己难过时，儿子问他："爸爸，你能不能给我造一艘船？"道格拉斯实在没兴趣，可这个小家伙很缠人，他只得依着儿子。

道格拉斯花费了将近三个小时才造好了一艘玩具船。等做好时，他才发现，这三个小时是他许多天来第一次感到放松的时刻。

这一发现使道格拉斯大梦方醒，让他几个月来第一次有精神去思考。他明白了，如果你忙着做费脑筋的工作，你就很难再去忧虑了。对道格拉斯来说，造船就把他的忧虑整个冲垮了，所以他决定从此使自己不断地忙碌起来。

第二天晚上，道格拉斯巡视了每个房间，把所有该做的事情列成一张单子。有好些小东西需要修理，比方说书架、楼梯、窗帘、门把、门锁、漏水的水龙头等等。两个星期内，道格拉斯列出了两百多件需要做的事情。

从此，道格拉斯使自己的生活充满了启发性的活动：每星期有两个晚上到纽约市参加成人教育班，并参加一些小镇上的活动。他任校董事会主席，还协助红十字会和其他机构的募捐，他现在忙得简直没有时间去忧虑。

艰苦的日子一旦来临，做个深呼吸

艰苦的日子一旦来临，除了做个深呼吸，咬紧牙关尽其所能外，实在别无选择。艾柯卡是这么说的，最后也是这么做的。他没有倒下去。

李·艾柯卡曾是美国福特汽车公司的总经理，后来又成为克莱斯勒汽车公司的总经理。作为一个聪明人，他的座右铭是："奋力向前。即使时运不济，也永不绝望，哪怕天崩地裂。"他 1985 年发表的自传成为非小说类书籍中有史以来最畅销的书，印刷次数高达 150 万册。

艾柯卡不光有成功的欢乐，也有挫折的懊丧。他的一生，用他自己的话来说，叫作"苦乐参半。" 1946 年 8 月，二十一岁的艾柯卡到福特汽车公司当了一名见习工程师，但他对与机器做伴、做技术工作不感兴趣。他喜欢和人打交道，喜欢经销。

艾柯卡靠自己的奋斗，终于由一名普通的推销员变成福特公司的总经理。但是，1978 年 7 月 13 日，他被怒火中烧的大老板亨利·福特开除了。当了八年的总经理，在福特工作已有三十二年，一帆风顺的艾柯卡从来没有在别的地方工作过，突然间就失业了。昨天他还是英雄，今天却像成了麻风病患者似的，人人都远远地避开他，过去公司里的所有朋友都抛弃了他，这是他生命中最大的打击。"艰苦的日子一旦来临，除了做个深呼吸，咬紧牙关尽其所能外，实在别无选择。"艾柯卡是这么说的，最后也是这么做的。他没有倒下去，他接受了一个新的挑战：应聘到濒临破产的克莱斯勒汽车公司出任总经理。

艾柯卡，这位在世界第二大汽车公司当了八年总经理的事业上的强者，凭他的智慧、胆识和魄力，大刀阔斧地对企业进行了整顿、改革，并向政府求援，舌战国会议员，取得了巨额贷款，准备重振企业雄风。1983 年 8 月 15 日，艾柯卡把面额高达 81348 万美元的支票交到银行代表手里，至此，克莱斯勒还清了所有债务。而恰恰是五年前的这一天，亨利·福特开除了他。

如果艾柯卡不是一个坚忍的人，不是一个敢于接受新的挑战的人，在巨大的打击面前一蹶不振、偃旗息鼓，那么他和一个普通的下岗职工就没有什么区别了。正是不屈服挫折和命运的挑战精神，使艾柯卡成了一个世人所敬仰的英雄。

保持坚定的信念去实现梦想

为了获得理想的生活，你必须保持坚定的信心去实现梦想。坚定不移地相信你的梦想总有一天会变成真的，这样就会增加获得幸运的可能！

在安德里亚还是个小孩子的时候，就怀有伟大的梦想。当其他人和年龄相仿的伙伴们谈论着长大后想成为老师或者秘书的时候，她就梦想着成为一名电影明星了；而当其他人梦想着去地中海度假的时候，安德里亚梦想的则是距离苏格兰更为遥远的加勒比海！

一天，当安德里亚走进房间，宣布"我要去罗马当保姆了"的时候，伙伴们一点儿都没有感到吃惊。她们知道安德里亚早就深爱罗马，总是说那里才是她想要生活的地方。

她公然告诉伙伴们："我深信我将会遇到一位英俊的意大利王子，我们将会疯狂地相爱！"

虽然对她的话持嘲笑态度，但伙伴们对她的离去仍感到悲伤。她是那种能够在她的周围洒满阳光的人，一旦她离去，一切都会变得沉闷乏味。

安德里亚到罗马后，在一户人家里当保姆。他们给她一个小房间，她已经学会说一些生活中必须用到的意大利语。安德里亚经常带她看护的那个孩子外出，他们去得最多的地方是特雷维喷泉。

"任何一个从来没有看见过它的人，"她在寄给伙伴们的信中写道，"都会认为它只不过是广场里的一个小小的喷泉。但实际上，它很大，就像是一个水造的巨型纪念碑，美丽惊人。"

她告诉伙伴们：往喷泉里扔一枚硬币是为了重返罗马，而扔两枚硬币则是为了找到真爱。"我已在那里花去一大笔钱了。我每次经过那里的时候，都会朝里面扔两枚硬币。我知道早晚有一天会起作用的！"伙伴们嘲笑那封信：还是那个安德里亚，还在继续那些不切实际的梦想。

在一个美丽的、充满阳光的罗马的早晨，安德里亚很早就带着那个孩子出门了，他们来到特雷维喷泉，走下台阶，她把她的两枚硬币投进了喷泉。

她向上瞥了一眼，看见两个英俊的年轻人正在注视着她。两人之中身材稍高的那个人问她："看来你非常希望回来，否则你干吗要扔进两枚硬币？"

安德里亚看了看那个漂亮的年轻人，他的头发虽然是浅褐色的，但脸却是典型的意大利人的脸。"一枚硬币是为了返回罗马，两枚硬币则是为了找到真爱！"

那两个年轻人都微笑着走到她的面前，刚刚跟她说话的那个年轻人做了自我介绍，他说他叫马塞罗。他一边继续研究着她的微笑，一边问道："你想在这里，在你的度假期间找到真爱？"

"我住在罗马。我喜欢罗马，我一直梦想着与这里的某个人坠入爱河。我相信它总有一天会实现的。"她对着他微笑，他也一直在对她微笑。后来，他们四个人一起喝了咖啡。

不管她在他们的第一次会面中说了什么，他似乎真的被她迷住了，他问她是否愿意与他一起出去。

第二天晚上，安德里亚与马塞罗约会，她问到他的职业。原来，他是罗马足球队的职业球员。他不仅踢足球，还是足球明星，被意大利的许多年轻人疯狂崇拜。

当安德里亚写信告诉伙伴们有关他的事情并且寄来照片时，伙伴们全都承认他非常英俊、非常潇洒。

现在，他们已经结婚十五年并且有了三个孩子。她已经看到了大半个世界，就像她一直坚信的那样。

再强大的力量，也是由这些细微的力量组成

不要轻视任何细微的力量，要知道，再强大的力量，也是由这些细微的力量组成的。一步一步地走，我们可以征服最高的山峰；一天一天地奋斗，我们可以成就伟大的事业。

哲学上有一种理论叫"秃头论证"：一个人头上掉了一根头发，他根本没注意；掉了两根头发，他一点儿不担心；掉了三根，他也无所谓；几年以后，这个人变成了秃头。

社会研究学里也有一个"稻草理论"：往一只牦牛背上放上一根草，牦牛没有反应；再加上一根草，牦牛还是没有感觉；再加一根，牦牛动也不动；最后，牦牛身上有很多草了，再加一根，牦牛居然一下趴倒在地上——它被压垮了。

生物学上也有一个类似的"蚂蚁效应"：有一窝蚂蚁在一株老树下筑巢，蚂蚁每天都搬走一点点泥土，啃掉一点点树皮，直到有一天，一阵轻风吹来，这棵百年老树居然轰然倒下了。

掉一根头发，加一根稻草，啃一点树皮对于人、牛、树来讲，都是微不足道的变化，根本不足以让他们引起重视。但是，当这个数量累积到一定程度的时候，就会发生本质上的变化，不可预料的后果可能就在一瞬间发生。这就是上面这三个理论给我们的启示：量的积累会引起质的飞跃。

我们可以以此类推：树一棵一棵地被砍掉了，青山变成了不毛之地；日子一天一天地虚度了，我们这一生一事无成；战争一个接一个地出现了，人类辛苦创造的文明成了灰烬……我们必须承认，这些事情确实可能出现。只不过，我们不知道它们要经过多长的时间才会发生。但不管经过多久，哪怕是千年万年，那也不过是历史长河中的一瞬。而它们一旦发生，就会带来翻天覆地的变化。

这些理论是放之四海而皆准的真理。一个人，每天坚持存很少的钱，最后他成为一个富翁；一个人，每天坚持读一页书，最后他成为远近闻名的学者；一代一代的人经过努力，最后使这个国家变得繁荣富强——星星之火，可以燎原。不要轻视任何细微的力量，要知道，再强大的力量，也是由这些细微的力量组成的。一步一步地走，我们可以征服最高的山峰；一天一天地奋斗，我们可以成就伟大的事业；一点一点地克服，我们可以超越一切的困难。

家，永远是心灵的港湾

无论你做了什么事，无论你成为怎么样的人，都没关系，请回家吧。

房子虽小，但够用了。它只有一个房间，且坐落在一条多尘的街上，位于巴西近郊，和许多贫穷的邻居一样，铺着红砖的屋顶，是一个舒服的家。玛利亚和她的女儿克里丝汀娜，尽可能地在灰色的墙上添点色彩，在坚硬多尘的地板上添点温暖：一份旧日历、一张褪色的亲属照片、一个木制十字架。家具十分简单，房间两旁各放着一张简陋的床、一个洗脸盆和一个燃烧木头的炉灶。

玛利亚的丈夫在克里丝汀娜还在襁褓时便已去世，年轻的母亲倔强地没有再婚，而是自己找一份工作，独立养育年纪尚小的女儿。十五年之后的现在，最糟糕的日子已经过去，虽然玛利亚当女佣的薪水只勉强够用，却尚属稳定，能保证食物和衣服等开支需要。现在克里丝汀娜终于长大，可以找工作帮补家计了。

有人说克里丝汀娜学会了母亲的独立，她不愿接受早婚及成家的传统观念。并非没有机会选择丈夫，她那棕色的双眼和橄榄色的皮肤，常吸引一群仰慕者来到她家门前。她常常仰头大笑，笑声充满屋子，十分感人。她还有一种女人少有的魅力，让身边的男人觉得她像尊贵的女王。而她特有的好奇心，使她始终与男人保持着适当的距离。

　　她常提到要到城里去，梦想有一天离开多尘的邻舍，走进繁华的都市。光是这种想法便教母亲担忧，玛利亚往往立刻提醒女儿都市生活的艰难。"那里的人不认识你，工作难找，生活无情，还有，你在那里凭什么谋生？"

　　玛利亚十分清楚克里丝汀娜将做何事，或凭什么为生，因此当某天早上起来发觉女儿的床铺空空如也时，她心都碎了。玛利亚知道女儿去了哪里，也知道往哪里去找她。她马上收拾了几件衣服，带着所有的钱，冲出屋子。

　　在去巴士站的路上，她进了一家杂货店，她坐进摄影摊，拉上帷幕，花尽所有的钱来拍照。终于，她带着满口袋大大小小的黑白照片，坐上前往里约热内卢的巴士。

　　玛利亚知道克里丝汀娜无法谋生，她也知道女儿的个性倔强，不会轻易放弃。骄傲加上饥饿会让人做出不可思议的事情，玛利亚明白这一点，于是开始寻觅。她还在每一处留下她的照片——贴在洗手间的镜子上、用钉子钉在酒店留言板上或系在电话亭上。在每张照片后面，她都写上几句话。

　　不久钱已用尽，照片也用光了，玛利亚只好回家。当巴士开始漫长的旅程、返回村子时，一身疲惫的母亲哭了。

　　数星期之后，年轻的克里丝汀娜走下酒店的楼梯。她年轻的脸庞显得十分疲倦，棕色的双眼不再闪耀着青春，只诉说着痛苦与恐惧。欢笑已失落，理想也成了梦魇。上千次她想到的是简陋但安稳的旧床，而非无数张陌生的床褥。然而，昔日的小村庄已显得那样遥远。

　　当走到楼梯最后一级，她注意到一张熟悉的脸庞。她再看一次，大厅镜子上贴的果然是她母亲的照片。克里丝汀娜的双眼仿佛在燃烧，喉咙哽咽地走上前拿下照片。写在背后的是令人难以拒绝的邀请："无论你做了什么事，无论你成为怎么样的人，都没关系，请回家吧。"

她果然回家去了。

有些黑夜，注定要一个人行走

我活一天，就是菲琳活一天，我要努力，再让菲琳多活一天……

黄昏时分，当夕阳的第一缕光线由西窗射入，落在桌面上的时候，冉伯仿佛又苍老了许多。

冉伯颤巍巍地站了起来，立即，有许多阳光照到他的脸上，把他的脸染成一种奇怪的古铜色。屋子里静得出奇，冉伯空洞的双眼在空中盯了好一会儿，才又颤巍巍地拄着拐杖跨出了门槛。

路两旁是一望无垠的原野，天际的云霞绚丽如水，有一群群的黑乌鸦低低掠过。

冉伯的拐杖以一种缓慢的节奏点击着地面，发出"笃——笃——笃——"的声响。

冉伯的脑海中浮现出一张面孔来。那是一张少女的脸，清秀，白皙，温和中透出妩媚，五官十分端庄，嘴角还挂着浅浅的笑窝，只是，眼睛中少了点光彩。

那少女叫菲琳，是个盲女。

菲琳和冉伯相处的时间并不长，却成了他永远的菲琳。

大约一个世纪以前。冉伯是国内著名的某大学的学生，因为天资聪颖，相貌出众，所以成了校内最受人瞩目的人物。也就是在那时候，他认识了菲琳。

但是，菲琳是他生活中的一颗流星，一掠而过，就把他孤零零地抛在尘世上，度过了生无可恋的一百二十多年。

生无可恋？对的，冉伯生无可恋地活了一百二十四年。他的菲琳早早地走了，难道这世界上还有他值得留恋的吗？

一天深夜，冉伯参加朋友的生日宴会归来，略带些醉意，迈着摇晃晃的步子走着。朋友是有车接送的，可他性喜清净，宁愿一个人散步和欣赏城市的夜景。

这是个美丽的城市。时值仲夏，凉风拂面，穿越市中心的小河里翻动着滚滚清波。

忽然，冉伯发现河边的垂柳下有一个苗条的身影。那身影像一株秀硕的白杨，在这种环境下，勾起他许多遐思。可是，冉伯眨了一下眼睛后，那身影就不见了。

冉伯怀疑自己看花了眼。他跑到垂柳树下面，只见水面上漂着一条红纱巾。

冉伯扑入水中。冉伯从水中捞出一个人，看到她的时候，只觉得她的美丽如强烈的阳光一样逼眼。

这个人就是菲琳。

菲琳是个被父母遗弃的盲童，七岁以前在孤儿院长大，后被一独身老妇人收养。老妇人心地善良，令菲琳体验到人间温情，两人相依为命一直过了十四年。可是，前不久老妇人去世了。

孤独寂寞的菲琳也想随她而去。

冉伯被菲琳的身世深深震撼了。

冉伯成了菲琳的朋友。冉伯发现菲琳的眼睛虽然盲了，可她的心灵并不盲，她的心灵和她的相貌一样美丽。

一个月过后，他们成了一对恋人，真正的恋人。

真正的恋人之间有许多可慕可敬的东西，在这里，我们只需要记住他们的一个显著特征就行了，即：一个人离开另一个人，绝对无法活下去。冉伯和菲琳的故事也和其他恋人的故事一样，正当他们忘我地享受爱情甜美的时候，魔爪悄无声息地伸过来了。

车祸发生在菲琳穿越马路的时候，冉伯目睹着载重卡车把菲琳碾压在巨轮下，冉伯凄厉地尖叫一声，冲了过去。

冉伯紧紧抱起菲琳，菲琳的鲜血浸透了他大半个衣襟。

冉伯狂奔着，世界在他的眼中模糊了，可他能清晰地听到怀抱中菲琳微弱的声音："阿冉，答应我，你以后一定要坚强地活下去，不是为你自己活，而是替我活，阿冉，努力替我多活一天。"

菲琳知道自己和冉伯的感情，她要在生命结束前把生的力量注入爱人的心中。

原野间的小路已经到了尽头，不远处出现了一片密密麻麻的荒坟。这里就是冉伯的目的地。

菲琳死后，他的确痛不欲生，多次想一死了之，但是，他答应菲琳，要努力替她多活一天。他从未对菲琳食言过，这次也不应该例外。

我不是为自己而活，我是在替菲琳活着。我活一天，就是菲琳活一天，我要努力，让菲琳再多活一天。

让菲琳多活一天，就是这样一个信念，竟支持着他活了一百多年。

直到今天，冉伯知道自己一定见不到明天的日出了，才踽踽地来到他爱人的坟前。

尽最大的努力活过了，他可以问心无愧地来见她了。

冉伯在一座无字墓碑前立定了，犹如一尊大理石的肖像。

他的耳畔荡着菲琳的话："阿冉，答应我，你以后一定要坚强地活下去，不是为你自己活，而是替我活。阿冉，努力替我多活一天。"

夕阳已经落下去了，天际浮着阵阵鸦影。

IN THE FUTURE, YOU WILL THANK YOURSELF
FOR WORKING HARD NOW

第六章

总有一种力量，让你泪流满面

人的一生中，不知道会遇到多少人，要走多少路，要经历多少坎坷，只要有个人，与你风雨同舟，哭时陪你同哭，乐时陪你同乐，陪你看每天的日落日出，等看完所有的风景，依然陪着你看细水长流、炊烟飘逸。

　　在平凡的生命里，寻一处桃花源，春天笑看桃花，秋日篱下作诗，携手走过灿烂的一生，该是多么的完美。感恩红尘所有的爱，感恩生命所有的暖，虽是悄无声息，却已经刻入灵魂，这是上天的厚爱与恩赐。

再陪你半小时，就是一辈子

真正的爱情是无须言语说明的，在行动中彼此就能心领神会。

天很黑，还下着毛毛细雨，那条崎岖的山路上，只有他们的车子在开。

男人对这条路很熟悉：左边是悬崖，右边是山坡，哪儿有急转弯，哪儿路比较窄，男人闭上眼也知道。可今天，男人的心里很不安，下雨天路变滑了，再加上这是台老爷车，天知道它会不会在这个恶劣的天气里罢工。

到那个转弯处时，男人提高百倍的警惕。那是一个急转弯，常常有不熟悉路况的车子在那里出事。男人轻踩刹车，减速，挂低挡，然后再一个急打方向盘，便可以顺利通过。

忽然，男人感觉车子往外轻微侧了一下，他踩了一下刹车，以保持车子的稳定，可车子竟然急速向外倒去。一阵沉闷的巨响后，车子里变得漆黑一团，车灯和仪表灯全熄灭了。男人知道，这是遇到了塌方，下雨使路基变得松软，恰好车子经过，路面塌了下去。

过了一会，男人从惊恐中稍微回过神来，才感觉到自己的脚剧烈地疼痛起来：男人的腿被碰得变了形的驾驶室卡住了。四周漆黑一片，男人想去拉旁边的女人，车子却轻微地动了起来。还伴着树枝摩擦的"咯咯"声。看样子，侧翻的车子刚好被一棵树给挡住了，而这棵树又不知能坚持多久，现在在车里多待一秒，就多一分危险。

男人不能动弹，只好叫着女人的名字。女人惊魂未定，应了一声，声音中带着恐惧。

男人说："你车门那边是路，你快点爬出去，这车子可能马上就要掉下去了。"

女人没吱声。男人急了，大声对女人喊："你快出去啊。"

女人轻轻地问："那你呢？"

男人知道女人担心他，只好实话告诉女人，他的腿被卡住了，出不去，而这树也支持不了多久，女人早一分钟出去就多一分活的希望。

女人说："我也被卡住了，动弹不得。"女人伸出手来抓住男人的手，男人感觉女人的手在轻轻颤抖。

男人想，事已至此，只好听天由命，先找救援了。男人从裤兜里掏出手机，拨打了"110"，把自己的方位告诉他们。

打完电话后，男人还是很担心。车里每一个轻微的动作都会让下面的树轻轻摇晃。男人紧紧握住女人的手，轻声安慰她："没事的，救援马上会来。"女人也握紧他的手，似乎能从他那里得到一点力量。

半个小时的等待，他们感觉像过了一个世纪般漫长，毕竟这是在死亡边缘。救援车来了，车灯照亮了他们的车子，救援队员大声告诉他们别动，然后用粗缆绳拉住他们的车子，把他们从死亡边缘拖了回来。

一到安全地带，女人立即身手敏捷地从自己的座位里站起来，去看男人的伤势。

男人责怪女人："刚才你为什么不出去？"

女人泪流满面，说："只是想再陪你半小时。"

这时，一旁的救护人员告诉他们，女人如果出去，可能两人都会没命。那车碰撞树时，不知怎的掉了个头，女人座位那边是悬崖，如果女人开车门，下面的树可能就会断掉。

听到这些，男人把怀里的女人抱得紧紧的。

什么会比妻儿更让人感到幸福呢

紧紧地环着他的腰，她知道她这一辈子的选择没有错。她会幸福，会有爱自己的丈夫和他们全心期待的可爱的孩子。

她穿着白色的睡衣站在那里，眼中满是期待的神色。他坐在电脑前，转过头望着她，心中不禁一阵荡漾。

从座位上站起身，他张开双臂将她拥入怀中。"都快 1 点了，怎么还不睡？"她将头深深地埋在他的怀中，语气中多了一丝委屈："老公，你好久都没有抱过我了。"他搂紧了她，紧的一丝空隙都没有，似乎永远都不想放开手。

"老公，你要抽一分钟抱我！"她说。结婚以后，她总会提醒他这个承诺。他是甘之如饴的。从来没有想过，古灵精怪的她竟然也有着女人的柔媚和孩子般的娇憨。每天，他都会抽出多于一分钟几倍、几十倍甚至几百倍的时间来抱她。

渐渐地，他开始忙了起来。每天下班要坐在电脑前忙几个小时。每一次她说"抱我一分钟"时，他总会抱歉地看着她说："下次吧，老婆。明天一起补给你。"于是她便静默地坐在沙发的一角，抱着膝望着他；每次当他终于决定休息时，她都已经疲倦地趴在沙发上睡着了。

忙碌的工作使这个"抱一分钟"的承诺淡得几乎退出了他的脑海。他有他的事业要做，"她会懂"，他这样想。每天的工作累得他筋疲力尽，永远做不完的事情就这样围着他转，让他无暇再去想其他。于是，他忘了她的生日，忘了他们一周年的结婚纪念日，忘了要给她一个晚安吻，也忘了给她她最想要的拥抱。

她越来越沉默了，经常坐在那里看着忙碌的他发呆。她发觉他的笑容越来越少了，于是她的笑容也跟着越来越少了。生日时，她在一张卡片上写下"送给最爱的妻子，祝生日快乐——永远爱你的老公"；结婚纪念日，她伴着燃尽的蜡烛和冷透的饭菜趴在餐桌上睡去。看着他团团乱转的身影，有几次她甚至有些怀疑当初的决定是不是太草率，毕竟他们都还年轻。

这天，刚刚从医院回来，她的脸色有些苍白。她从小就怕去医院。曾经有他的陪伴，几次拥着哭得眼睛通红的她走进门诊室做检查。这是她一辈子的弱点啊，他是知道的。那时他总会取笑她这么大的人去医院竟然会比孩子哭得还要厉害，只是因为怕打针。这一次，徘徊在医院的门口，她始终不敢走进去。克服心中的恐惧对于她来说真的是很困难的一件事。

但她最终还是走进去了。检查的结果出乎她的意料——她怀孕了。

回到家，她苍白着脸几次想告诉他这个消息。而他却忙得顾不上看她一眼。已经一点了，夜深露重，他却仍然坐在电脑前。他们从未吵过架，可她觉得现在的生活比大吵一架还要可怕——他竟连和她吵架的时间都没有。

穿着白色的睡衣，她终于鼓足勇气打断了他的工作："老公，抱我一分钟，好吗？"

他转过头望着她，那一刻，她看到他眼中的诧异而后又变得温柔。他将她揽在怀中，说："都快1点了，怎么还不睡？"

趴在他的怀里，她的泪终于流了出来，委屈地说："老公，你已经好久都没有抱过我了。"

她好爱他啊，她真的好爱他。从那个在他怀中醒来的清晨开始，她就知道自己渴望这样一个温暖的怀抱。她知道匆匆订下婚约她并不后悔。贪恋着他的怀抱，她总是想如果他还愿意抱她，那么就一定还爱她。然而这样温暖的怀抱她却很久都不曾拥有了。

"怎么了？"他轻声问道，让她坐在腿上，他不禁低头亲了她一下。

"老公，"她吸吸鼻子，"每天分给我一分钟好不好？一分钟就好。"

她祈求的眼神让他心中一阵酸痛。自己真的好久没有抱过她了。她是那么的易感、那么的灵动。现在的她却沉静得让他无法与曾经的她联系到一起。

"老婆，我有没有说过我爱你？"他说。

看到她惊讶地睁大眼睛，他知道这句话他真的晚说了很久。

她有些瞠目结舌。他真的说爱她了吗？呆愣了半晌，她开心地抚着肚子说："宝宝，听到了吗？爸爸说爱妈妈了，爸爸说爱妈妈了呢！"

呆住的人换成了他。好半天他才又找回了自己的声音："宝宝？我们的宝宝？"他的声音颤抖着，有些难以置信。

"嗯！"她点头。

他抱紧了她，完全沉浸在喜悦之中。

"老公，每天抱我们一分钟，好不好？"她说，眼睛里浮起一层雾气。

"嗯！"他保证地点头。是啊，有什么会比妻儿更让他感到幸福的呢！

紧紧地环着他的腰，她知道这一辈子她的选择没有错。她会幸福，会有爱自己的丈夫和他们全心期待的可爱的孩子。是的，她会永远幸福的。

"老公，再抱我一分钟，好吗？"

丁丁当，丁丁当，幸福在歌唱

那天回家后。他特意把三副铃铛挂在了车上。此后，每当他离开家行走在路上时，铃铛总会响起，丁丁当，丁丁当，他说这是世上最美的音乐。

为了一个新项目，他连续几天在电脑前工作，终于完成后，他长舒一口气从电脑前站起来，却突然眼前一黑，什么也看不见了。医生诊断后说，他是因用眼过度，眼睛暂时性失明，只要好好治疗休养，不久就会恢复的。

突然陷入黑暗中的他，因为恐惧而变得焦躁不安，一会儿狂躁地大叫，一会儿又暗自伤心、长吁短叹。妻子却一副安之若素的样子。她轻声细语地安慰他说："医生不是说了好好休养就会很快恢复吗，你着急不但没用，对眼睛也没好处。不用再打卡上班，也不用开会出差，更不用加班熬夜，不如放松心情把这次生病当作一次

休假，也好好在家陪陪我吧。"妻子说得倒是轻松，可陷入黑暗中的
他却总也无力抵挡突如其来的恐惧，尤其是当家里安静下来时，他
更是感到空虚与无助。妻子似乎明白他的心思，很快买来三副铃
铛，一副放在他的枕边，说他若有事时就摇摇铃铛，她听到了就会
马上过来；另外两副，只要她和女儿在家，她们的手腕就各挂一副
铃铛，这样，无论她们在哪个角落，在干什么，他一听就知道了。

　　自此家里到处都响着铃铛声，家与妻子、女儿的形象重新在他
眼前鲜活生动起来，他再也不觉得周围是无边无际的空荡了。他自
己的那副铃铛很少用，因为妻子替他把一切都想得很周到。他专注
地听着那两副铃铛的响声。刚开始，他只觉得铃声乱成一团，后来
他慢慢辨得出哪个是女儿的铃声哪个是妻子的铃声了。女儿的铃
声永远急促而清脆，尤其是她放学进门后，她总是从门口的鞋柜上
取下铃铛，套在手上，摇得叮当乱响，一路飞跑到他床前，不管不
顾地趴到他身上叫："爸爸，今天老师新教了一首英语儿歌，我唱给
你听。"然后又跳下床，边跳边唱。清脆的铃声和稚气的歌声，灌满
了一屋。他一边听，一边想象女儿的每一个表情、每一个动作，脸
上不由得绽出了笑容。女儿一唱完，便又趴在他身上，为他读新教
的课文、讲课堂上的趣事，一字一句地读妈妈给她买的课外书，和
他探讨安徒生老爷爷是不是也有不对的地方，比如灰姑娘所有的东
西在 12 点钟声响起时都变回了原样，可那只水晶鞋为什么没变回
去……他一边近乎贪婪地倾听着女儿的声音，一边惊奇地发现，自
己已经很长时间没和女儿这么亲近过了，女儿也不再是他印象中的
小孩，她对人对事都有了自己的看法。女儿是什么时候长大的呢？
他不知道。以前他只关心自己的事业，却几乎错过了女儿的成长！

　　妻子的铃声则舒缓而沉稳，让他常常想起在他晚归的夜里，她总是迎上来轻声问："吃饭了吗？我给你留了银耳汤……"而且只要她在家，这沉稳的铃声就是一条奔腾不息的小溪，不急不缓没有停息的时候：洗菜、做饭、擦桌子、扫地，隔一会儿就来和他说一会儿话。她仿佛不知疲倦，手里总是在忙着什么。他以前一下班总是瘫在沙发上一动不动，嘴里叫着累死了累死了。妻子也和他一样上班下班，回到家却仍在忙个不停，她其实也一样累呀。但他何尝体贴过她呢？

　　女儿上学，妻子有事外出时，就放个小收音机在他枕边，说可以听听歌听听新闻。可他宁愿发呆听窗外的汽车轰鸣，也不愿打开收音机。他喜欢的是电脑，收音机在他眼里简直是弱智产品，而印象中听收音机的人不是老头、老太太就是寂寞的出租车司机。妻子说："你忘了？我们读大学的时候可是最喜欢听收音机的，特别是听点歌台里的歌曲。记得我过二十岁生日时，你说你要送一份特别的礼物给我。过生日那天，我等着你来送礼物，却半天不见你的影子，快到中午时才接到你的电话，叫我别忘了听正午的点歌台节目。那天我打开收音机不久，就听到了主持人提到我的名字，说一个爱我的男孩为我点了一首《月亮代表我的心》，祝我生日快乐。当收音机里响起这首歌时，我简直幸福得说不出话，同宿舍的女生都羡慕我羡慕得要死。后来你告诉我，为了让我在生日这天听到这首歌，你提前一个月写信给电台的主持人，又怕主持人收不到，还专门跑了趟广播电台。那是我这辈子收到的最美的生日礼物。"妻子的声音里有幸福也有一丝怅惘。

　　"我有那么浪漫吗？"要不是妻子提醒，他自己都记不得这件事了。

"当然。只是结婚后就越来越不浪漫了。"妻子笑着，口气里并没有埋怨。

"其实我也想浪漫也想让你幸福啊。我一直想，等以后有机会一定带你去度假，住大酒店，吃海鲜……"说到这儿他心一沉，叹一口气，"看来，这个愿望太不现实了。"

妻子仿佛没听到他的叹息，说："你以为只有度假才叫浪漫？其实能天天和你一起吃晚饭，然后再和你说说话，我就觉得挺浪漫了。有首歌里唱：我能想到最浪漫的事，就是和你一起慢慢变老，一路上收藏点点滴滴的欢笑，留到以后坐着摇椅慢慢聊……这才是真浪漫，大幸福。"

这首歌他也听过，因为妻子平常爱哼哼，可只有在此时，在他只能用耳朵来感受这个世界时，他才真正明白了这首歌里所歌颂的最朴实最踏实的幸福。

躺在床上，他对自己的生活有了重新的思索，也更加迫切地希望自己的眼睛能好起来。

八个月后，他的眼睛真的好了！

为庆祝他康复，全家人外出吃了一顿饭。霓虹闪烁的街灯，川流不息的人群，这些以前觉得再平常不过的景物，此时在他眼里都变得格外美丽。吃饭时他一心为女儿和妻子夹菜，专注地看着她们吃，心里有说不出的喜悦。

女儿说："爸爸，我既想你眼睛好又不想你眼睛好。"妻子瞪女儿一眼，呵斥道："怎么这么说话！"女儿不理妈妈，继续看着爸爸说："爸爸的眼睛刚出事那两天，我专门把眼睛闭上在家里走了一圈，觉得失明真是太难受了。想到爸爸难受，我也难受，我就希望爸爸眼睛快点儿好。再说了，爸爸眼睛不好，妈妈老是一个人偷偷地哭，眼睛都哭肿了……"他吃惊地看着妻子，妻子的眼圈红了："那些日子我其实很害怕，因为医生对我说，像你这种情况有很快恢复视力的，也有好几年过去仍是老样子的。我真怕你是后一种情况啊……"他的眼圈也红了，紧紧搂住妻子的肩膀说不出话。可以想象，那些日子里，妻子承受了多大的压力啊。女儿又说："我又怕你眼睛好了，再也不认真听我读课文唱歌了，你又会很晚才回来，我老见不着你。"他一手搂住女儿，一手搂住妻子，声音有些哽咽了："不会的，爸爸以后一定会好好听你唱歌，好好陪妈妈说话……"

那天回家后，他特意将三副铃铛挂在了车上。此后，每当他离开家行走在路上时，铃铛总会响起，丁丁当，丁丁当，他说这是世上最美的音乐，他听到了女儿和妻子的叮咛，听到了幸福在歌唱……

你是我人生最后的玫瑰

新婚之夜。新娘问他，你怎么会看上我的呢？他说："我是在买了你很多玫瑰后才发现，你是我最后的玫瑰。"

在这条小街上，开着一家花店。店主是个中年妇女，雇了一个大约十七八岁的姑娘帮忙。小姑娘一看便知是个外乡人。小姑娘很勤勉，守在店里，终日站着或蹲着，不是忙着出售花便是帮着扎花篮。

小店虽地处僻静，但生意还算不错。顾客主要是附近那所大学的学生。情人节、教师节、圣诞节、聚会、派对、生日、约会等，都需要花。女孩子常常是三五个搭伴儿来，买的时候，左挑右挑，叽叽喳喳很热闹；男孩子往往是一个一个单独来买，看准了买，付了钱就走。

有一个大学生引起了姑娘的注意。他总是在周末来到店前，摸出准备好的零票，随手从玻璃缸里抽出一枝玫瑰，听他口音也不是本地人。小伙子瘦瘦的，穿着过时的球鞋，苍白的脸色，有点儿营养不良的样子。

这回，有好几个周末，小伙子突然不来了。姑娘有一点儿思念他。姑娘想，小伙子买了花一定是送给喜欢的姑娘的。他一定是在恋爱了，现在也许女孩不和他好了，分手了，他也不需要再送花了。姑娘有点儿为他难受，又有一点儿为他高兴。乡下人出来读书不容易，把钱都用来买无用的花，真不该啊，现在总算好了。

可是没多久，男孩又出现在花店前，又开始了每周一枝玫瑰的买卖。大约持续了几个月，小伙子又不来了。姑娘想，如果下次他再来，她要劝劝他：好好读书，不要再把钱乱花掉。

姑娘空闲下来，常常眺着那所大学的方向。终于有一次，他们在一家书店里碰到了。姑娘是去买一本插花的书。小伙子正拿着一套书，和店里商量，因为钱不够，他想用一沓菜票作抵押，等回去拿了钱来赎还，他怕这最后的一套书被人买走了。姑娘走了过去，替他付了钱。就这样两个人开始了交谈。谈谈城市，谈谈乡下，谈谈书，谈谈花。两人谈得很快乐。

第二天，小伙子来还钱，又从花堆里取出一枝红玫瑰付了钱。姑娘把钱退到他手里："还是别买了吧？啊？"姑娘的声音里似有一种不满，又似有一种恳求。想不到，小伙子把玫瑰送到姑娘面前说，这枝花，我是送你的。姑娘读懂了小伙子眼睛里的话，红了脸庞又红了眼圈，把这枝玫瑰单独地插在一只花瓶里。

小伙子走后，姑娘想了好久，想了许多，哭了又笑，笑了又哭。第二天一早终于把那枝花又插到大玻璃缸里。小伙子来了望着那只空花瓶，问她那枝花呢？姑娘淡淡地说，卖了。花又不能当饭吃。姑娘想只有这样才能断了他的心思。她知道她配不起大学生，也知道书呆子气的大学生不大会挣钱。小伙子瞅着她，看了好一会儿。看出了姑娘眼眶里蓄着泪，默默走了，不再来了。

又一年的一个春天，小伙子来了，脸色红润多了。他邀姑娘出来，走到另一家花店前。然后他从口袋里掏出钥匙，对姑娘说，这店是我的，我想请你做老板娘。

梦一样的声音，使姑娘一句话也说不出就湿了眼睛。小伙子告诉姑娘，他大学已毕业，有了一份工作。半年里，每月的工资，每天晚上打工的钱，凑在一起，租了这家店面房，开了花店。他说，只有这样，他的梦想才能实现。他的梦想，只是想找一个肯吃苦肯学习又有爱心的好妹子做新娘。新婚之夜，新娘问他，你怎么会看上我的呢？他说，他是在买了她很多玫瑰后才发现，她是他最后的玫瑰。姑娘拥住了他。他把嘴唇附在她耳畔，轻轻说道，我们会好的。

患难之中见真情

在这个充满诱惑的花花世界，面对这样平凡、真实却震撼人心的爱情，我以为，我们所有的人的确要反省自己的爱情观和生命观。

这是一段催人泪下的真实故事，一个平凡的男孩，一个不幸的女孩，却谱写了一段伟大的爱情。

　　面对残缺的生命之树，男孩儿像厚实的土地一样，一心一意用爱用青春包容扶持着树，不弃不离。在这个充满诱惑的花花世界，面对这样平凡、真实却震撼人心的爱情，我以为，我们所有的人的确要反省自己的爱情观和生命观。

　　如果不是一场灾难的突然降临，他们的故事会因为他们的平凡而渺小得像一滴水，混迹在太多太多真实抑或杜撰的爱情故事的汪洋中，激不起一点波澜。

　　他们的爱情属于一段完美而寻常的青梅竹马的恋情。

　　她和他从小就是好朋友。小时候，他们生活在河北的一个小村落里。多年以后，我看了她小时候的照片，才相信，那时的她真的是一个可爱的女孩，最吸引人的是洁白的脸上那一对黑葡萄一样水灵灵的大眼睛。从小学到初中，他们俩一直是同班同学，非常要好。上初一那年，他也不知从哪儿学来的，偷偷给她递了张字条，说自己如何喜欢上了她——在他们那里，这个岁数的小男孩对女孩子说"喜欢"，也算得上"壮举"了。

　　收到字条那天，她没有任何表示，却也没有将字条交给老师。但从那以后，在他们似乎一如既往的关系中，却悄悄地滋生出一种朦胧的情愫。他看着她如水般晶莹纯真的眸子，一心期盼着他们能快快长大，长大了，他一定娶她做他的妻。而她的目光也总是不由自主地追寻着他的背影，心里总像揣着个小兔子般地牵挂着他，日记里悄悄地写满了他的名和姓，梦里总有他的笑洒了一片。

　　初中毕业后，她似乎理所当然地出落成了一朵十里八村无人不知无人不晓的水嫩嫩的花；而他呢，也不再是那个只会擦着鼻涕传小字条的男孩儿了，一米八几的个儿，清秀的外表，虽称不上玉树临风，但也绝对算得上是一表人才了，朴素的衣着也难掩他们青春的秀美与风华。这时，他们却双双因为家境贫寒，没有继续高中学业，辍学在家。一年后，两家老人随了一双儿女的心事，托媒人为他们定下了这门亲事。

订婚后不久，他们便随村里年长一些的年轻人去了北京打工。初到北京，大都市的繁华给了这对年轻恋人太多的梦想，每一个梦想都与他们共同的情怀演绎着的共同的未来有关。他们渴望能够在这里通过他们勤劳的双手、用美丽的青春搏一搏，赌一个即使不够灿烂但至少幸福的未来。

静静品尝爱情的琼汁，用心打造美好明天的他们，绝没想到一场突如其来的不幸正悄悄地逼近他们如锦的青春：

那段日子，她总是感到头晕恶心、浑身乏力、食难咽、寝难安，便以为是感冒了，经济紧张怕花钱，更怕他担心，便一个人默默地去药店买来许多治感冒的药胡乱地吃了下去。却久不见好。脸上渐渐地出现了许多大大小小的黑斑，他察觉了，坚持带她去医院检查，医生说是皮肤病，不碍事，七零八落，开了一堆药回去吃，脸上的斑却像雨后的春笋般越来越多，面积也越来越大，曾经透亮的肌肤而今却仿佛生了锈的铁一样，让熟识的人看了无不心痛。那段日子，她几乎不敢照镜子，照了便想哭，她甚至不敢抬头走路，她害怕人们同情、审视、好奇的目光。他们终于对医院的诊断结果产生了怀疑，不得不去更大的医院检查。医生严肃的面孔，繁芜复杂的检查，度日如年的等待，似乎都在暗示着一个不幸的结果。

医院的诊断结果果然无异于一个晴天霹雳，只在一瞬间就击碎了他们所有的梦想。她患上了一种不治的血液病，这种病以目前的医学水平无法治愈，只能尽可能地控制。那一天，她感觉自己宛若一只被箭穿膛而过的白鸟，在无限澄蓝的天空里，随着碎裂的胸膛，空中的道路已从此中断。

她哭、她闹、她吼他，要他滚，要他别再为她这个废人耽误自己大好的青春和前程，这时，他滴血流泪的心却笃定了，他决不会离开她。男儿有泪不轻弹，然而看着曾经如花似玉的恋人，被病魔折磨成如今这般模样，知道结果的那晚，他的眼泪也是止不住地往下流，流了一夜，日里却将微笑刻在了脸上。此后，他就那么日日地对她微笑着，捡起她发脾气时扔了一地的药，倒来一杯又一杯被她泼了的水，只说，我想一生一世照顾你，再苦再难也有我和你一起面对，你答应我好吗？她终于扑在他的怀里绝望地号啕大哭起来。之后，她抬起头拖着越来越沉重的双腿微笑着面对每一个过往的熟悉或陌生的面孔。

贫寒的家庭遭遇她这样的病，恰似雪上加霜。他的父母听说了，意图通过媒人要和她家退婚，他却坚定地说，退也罢，不退也罢，我都不会离开她的，过去不会，现在就更不会，将来当然也不会。

为了看病，他们花光了所有的积蓄，举债累累；为了看病，她仍不得不拖着一日重似一日的病体坚持上班；为了看病，他几年来穿的仍是初到北京时买的那身粗糙的衣服，却忘不了，每年在她过生日时为她添一件可能廉价却让她不禁泪水涟涟的新衣服。

几年就这么过去了，由于药物中激素的作用，她浑身浮肿漆黑，一张曾经那样秀美的脸，黑得竟像刷了一层漆，一个曾经那样窈窕的女孩竟变得臃肿不堪。病情却没有丝毫的好转。他依然陪在她身边，微笑着，鼓励着她、照顾着她、心疼着她。她常常会有强烈的负罪感，时不时地，她就会对他说，你离开我吧，这是我的命，就让我一个人来承受吧，我不能再拖累你。他却总是同一个回答，你的命就是我的命，再苦再难，让我和你一起微笑着承担。

命运对他们确实是不公平的，如果说，这是上天有意要考验他们的爱情，我仍不得不说，这考验太残酷了些。

她生活早已不能自理了，这么多年，她的每一件衣服都是他洗的，每一顿饭都是他端到桌前，渐渐地走路也困难起来，连上厕所都必须要他搀扶着。再去医院复查时，另一颗不期的雷炸响在他们头顶：由于常年服药，激素吸收了过多的钙质，引发了世界公认的恶疾——股骨头坏死。

她昏厥了。她想到了死。醒来之后，黑漆漆的浮肿的手，被他紧紧地握在手里。这么多年没在她面前流过一滴泪的男孩，这时，却无声地哭泣着："你总算醒来了，你怎么这么傻？为了我，你也必须坚强。因为，这一生，我只想和你在一起。我做这一切是因为我爱你，这不是说割舍就能割舍的同情或是怜悯。你怎么就不明白呢？"

死过一次的她说她不会再自己选择死了，她要和他一起笑看命运。于是风里雨里，朝九晚五，人们在北京那条繁华的街道上，总能见到一个帅气的男孩骑着一辆破单车，驮着一个丑陋的女孩子说着笑着，仿佛生活在他们面前都是花团锦簇。

这般帅气的男孩日日搀扶着这样一个丑陋且残疾的女孩进进出出，自然会吸引许多异样的目光。她不禁问他：

"你会觉得难为情吗？"

他淡淡笑道："为什么要难为情？"

"我丑。"

"不，在我心里，你一直都是最美的，你的眼睛还是那么大那么亮。"

年底，公司联欢会上，走过七十载春秋，看尽人间悲欢离合的经理泪水盈盈感慨万千地说："患难见真情，世界上最伟大的爱情就在我们身边，他们的爱情值得我们在座的每一个人思考和学习！"

不要因为一句话的不慎，伤害了一颗真诚的心

他决心认真对待感情问题，哪怕是个玩笑，因为一句话、一次行动的不慎都有可能伤害一颗满怀真诚的心。

朝九晚五的写字楼生活过久了，不免使人感到郁闷，幸好有个愚人节可以放松一下。因此，琴的同伴们早早就琢磨用什么损招来捉弄隔壁艺馨公司的几个男孩子——谁叫坏小子们每天都对着刚从电梯里出来的她们吹口哨哩！

同伴们商量的结果是弄一份他们公司的通讯录来，给每人发一条短消息："还记得那次在公交车上认识的女孩吗？其实她一直牵挂着陌生的你。只是因为没有勇气，才没有向你表白。今天，她决定不再沉默。信不信由你，反正中午 1 点我会在烈士公园门口等你，不见不散。"

短消息是用琴刚买的手机发的，一个神秘的号码对男人来说总是更有诱惑力和欺骗性。

那天，她们抑制不住地莫名兴奋。好不容易挨到下班，她们便

急急地要去公园门口的快餐店里等看笑话。在下楼的电梯里正碰上艺馨公司的人，他们全都一脸坏笑，笑得她们一个个心里直发毛：糟糕，难道他们相互之间通气了？但她们转念一想，不会，男人一般来说都死要面子，赴没有把握的约会之前都不会声张的。

果然，不到 1 点钟，艺馨公司新来的一个戴眼镜的男孩出现了。他虽然没有手捧鲜花，但也看得出经过了一番精心修饰。琴知道那男孩叫峰，刚刚研究生毕业。那男孩非常老实地守在公园门口，向四处张望着。琴和同伴躲在店子里开心得不行：这个书呆子！

时间过去了有半个小时，峰却没有显出不耐烦的样子。这时，天空开始下起了小雨。公园门口没有避雨的地方，很快，雨就打湿了男孩的头发和衬衣。四月的长沙，仍然春寒料峭。琴注意到，男孩不自禁地打了个寒噤。最后，男孩似乎动摇了，他掏出手机拨打发短信的号码，琴的同伴得意地说："你打吧，傻子，我们早关机了。"不知为什么，琴一下子没有了笑的心情，她感觉心里怪怪的，有点酸，也有点涩。

峰终于往回走了。琴的同伴也看够了把戏，大伙儿一路上有说有笑，比过什么节都开心。但她们万万没有想到，半路上她们竟然又碰上峰，原来他是折回去拿雨伞。这下子，她们笑得更开心了。只有琴觉得心被刺了一下，整个下午都没吱声。

琴后来才听说，峰那天不但下午上班迟到了，而且晚上还发起了高烧。这还不算，他成了整幢写字楼出了名的"foolish boy（愚人）"，大伙都拿他的"自作多情"和迂腐呆板寻开心。

琴终于按捺不住，给他发了一条短消息："非常抱歉，我伤害了你。"

　　他很快回话："我知道你是开玩笑的，那天是愚人节。"

　　她问："那你怎么还去？"

　　他说："我怕万一是真的，那就会伤害一个纯洁的女孩，我宁愿被伤害的是自己。"寥寥数语，一下子深深打动了她。

　　"那你后来怎么还返回去？""我怕你来时没带雨伞。我不能因为它可能是个玩笑而怠慢了真诚。"

　　短短的几天中，通过来来回回的短消息，琴感觉到手机那头是颗诚挚的心。琴开始有些神魂不宁，每天总留心着隔壁的一举一动。有时一天没看到那个书生气十足的峰，心里竟莫名其妙地失落起来。

　　一天，碰巧电梯里只有他们俩，峰冲她友好地笑了笑，露出一口洁白的牙齿。琴不由得红了脸。

　　终于，她不再沉默了，鼓足勇气发了个短消息问他是否有女朋友。他很快回话：有。她的心顿时凉到了冰点。好在他立马又补了一句："不过一次玩笑让我失去了她。"他告诉琴，从那以后，他就决心认真对待感情问题，哪怕是个玩笑，因为一句话、一次行动的不慎都有可能伤害一颗满怀真诚的心。

　　琴问："如果今晚我再约你，你会去吗？烈士公园门口。"

　　他毫不犹豫地回答："会去。不过我会事先准备一把雨伞。""你不怕我又在骗你？"

　　"不怕！因为今天不是愚人节。呵呵！"

　　他的"呵呵"让琴仿佛又看到了他笑起来的样子：一口洁白的牙齿，脸上是浅浅的酒窝，荡漾着真诚与自信。

　　傍晚时，琴正在精心打扮，准备出门，这时短消息来了，是他：

"其实我猜到你是谁了，电梯里脸红的漂亮女孩，我在公园门口等你。"

琴有些羞涩地笑了，在心里说："谁说他是愚人，这家伙才是真正的偷心高手呢！"

奶奶和爷爷的情人节

我很久都没有给你买礼物了。爷爷中风之后那含糊不清的话语竟然让冬天的风也温暖了起来。

奶奶伺候爷爷起了床，然后把他搀扶到厨房吃早餐。爷爷吃完了饭，奶奶又领着他来到起居室，让他在扶手椅上坐下，爷爷就坐在那里休息，而奶奶又回到厨房洗盘子。偶尔，奶奶会过来察看一下爷爷是否需要什么东西。

爷爷中风之后，这一系列的步骤几乎成了他们每天早上的例行公事。爷爷以前是个非常活跃的人，但是现在他左臂严重受损、行走困难，再加上说话有些含糊不清，使他出不了门。将近有一年了，他几乎都没有去过教堂或走访过亲戚。

每天，爷爷用看电视来消磨时光。当奶奶在忙着一天的事情时，爷爷就坐在那里看新闻或球赛。他们达成了一个协定——假如奶奶不在跟前，爷爷就不离开他的椅子或者床。

"你跌倒了，我会拼着这把老骨头去帮你，要是出了什么事，那谁来照顾我们俩啊？"奶奶经常这样对他说。她的想法是坚决的，主张老两口自己照顾自己，独立生活。这间布鲁克林的褐砂石老宅子是他们的第一个家，这里保留着太多美好的记忆。他们哪怕一天也不想过早地离开这所房子。

爷爷和奶奶都是爱尔兰移民者，他们在美国相遇、结婚。奶奶为人友善、直爽、无私，爷爷则是一个沉默寡言、顾家的男人。但是，他不会慷慨地赠送礼物给她，更不会处心积虑地当掉自己的衬衫来给奶奶买些什么。他的观点是：倘若一年到头你都善待你的妻子，又何必非得送她礼物呢？因此爷爷很少为奶奶买礼物。

这成了他们婚姻早期的一个痛点。但随着岁月的流逝，奶奶逐渐认识到，他是一个多么好的男人。而且，毕竟，她想要什么东西自己都可以随便去买。

那是一个寒冷的、灰蒙蒙的二月的早晨，是纽约一个典型的冬日。像往常一样，奶奶把爷爷挪到他的扶手椅上。

"我现在去冲个澡。"她把电视遥控器递给了爷爷，"如果你需要什么，等着我，我很快就会回来的。"

冲完澡出来，奶奶回头朝爷爷的扶手椅背后面瞥了一眼，却注意到拐杖没有靠在通常靠的地方。她觉得有些奇怪，就向扶手椅走过去。爷爷不见了！衣橱的门敞开着，爷爷的帽子和大衣都不见了！恐惧顿时蔓延到奶奶的全身，顺着脊梁骨往上爬。

奶奶匆忙在浴袍外面罩了一件大衣，跑出了家门。爷爷不可能走远，他几乎不能自己走路。奶奶不顾一切地在这片小区上搜寻着。一小堆一小堆的积雪和冰凌在人行道上结了硬硬的一层冰。腿脚稳当的人想要安全行走尚且困难，像爷爷这种身体状况的人就更不用说了。

他在哪儿呢？他为什么要自己离开屋子？

奶奶扭绞着双手，看着行人与车辆匆匆而过，几乎感觉不到寒冷。她回想起最近曾无意间听到爷爷对一个孙子说过，他觉得"自己是个负担"。事实上，直到一年前，爷爷还是一个健康而强壮的老人；而现在，他却连最简单的事情都做不了。

奶奶独自站在街角，负疚感淹没了她。

正在这时，爷爷从拐弯处走过来。他低着脑袋，眼睛全神贯注地盯着人行道，脚下小心地迈着细碎的步子。他的大衣歪歪斜斜地披在身上，几乎盖不住他左边那偏瘫了的臂膀，那只好手被手杖和一个小包占满了。

奶奶疾步走过街区，不顾一切地冲到爷爷跟前，看到他没出什么事，才松了一口气，开始责备起来："我才离开那么一小会儿，你究竟需要什么那么着急，不能等我回来呢？你叫我担心死了！究竟有什么事情那么重要啊？"

由于困惑和好奇，奶奶把手伸进了那个棕色的包里。还没等爷爷有机会解释，她就从里面抽出一个心形的盒子。

"今天是情人节，"爷爷解释说，"我想你也许会想要一盒巧克力。"

礼物？所有这些虚惊都是为了……巧克力？

"我很久都没有给你买礼物了。"爷爷中风之后那含糊不清的话语竟然让冬天的风也温暖了起来。

泪水溢满了奶奶的眼眶，她感叹地缓缓摇了摇头。她挽着爷爷的胳膊贴在自己胸前，领着他回了家。

因为一个梦想，便有了别样的美丽

这样的一个梦想，明知道无法实现，却因为能够时常念着，便有了别样的美丽。

那是一座小得不能再小的城市，在中国地图上，它悄无声息地躲在一个角落里，不注意看，还真发现不了。

原本，他是不知道那座小城的，直到在网上遇到了他，她才知道那座城市，知道它靠近黄海，风从东面吹过来的时候，涩涩的咸咸的。有一回她在网上问，你不怕冷吗？他说，不怕，因为心里有你。

她听了，心里也有了暖暖的感觉。她没有见过海，又问他，站在你办公室的窗前，能望见大海吗？他回答道，能呀，看，大海涨潮了。她就笑，她知道他在逗她玩，那座小城离海十几公里远，怎么可能看得见海呢？然而他又说，我眼神好着呢，我不仅能看得见海，还能看得见你，傻傻的，好可爱。

电话的另一端，是两千公里外的西北某座城市。

她就生活在那里。高高的香椿树和法国梧桐，有着明显地域特色的建筑，拥挤的车流、人流，明晃晃的阳光。而她站在街旁，灿烂地笑着，手中，竟然是一只冰淇淋。这是她从网上传过来的照片。那时，正是盛夏时节，而现在，已经是冬天了。她说，我现在特想吃冰淇淋。

那天，他上街，突然发现一家新开的西式快餐店里在卖着冰淇淋，两个青春烂漫的少女在那里大口大口地吃着。他的心忽然一动，赶紧给她打电话。你快过来，我这里有冰淇淋卖，我买给你。

她在电话里快活地笑，说，你也变傻了么？笑了一会儿，又说，要不，你买了送到我这里来。

他真的想去两千公里外的那座城市。然而，只是想想而已。这样的一个梦想，明知道无法实现，却因为能够时常念着，便有了别样的美丽。

第二年的初夏，他终于有了机会，出差去西北，原本到不了她那里，但他还是去了那座城市。然而，当他下了车，呼吸到内陆城市所特有的气息时，忽然变得犹豫起来。他不知道如果真的见了面。会是一种怎样的情形。这时他才明白，其实自己并没有准备好见她，而对于她来说，大概也是如此吧。

那个下午，她正在办公室做事，有店家送来了一箱包装精美的冰淇淋，她惊讶地收下。有张字条，写着：你喜欢吃的冰淇淋，我送来了。她猛地愣住了，打他的手机，问，你在哪儿？电话那一端回答道，我在火车上。她再听，果然是车轮滑过铁轨的声音。

"谢谢你。"良久，她说。尽管手机里有嘈杂的声音，但她还是听清楚了他的话，他说，请允许我在那座海滨小城里爱你。

她打开地图，再一次看见了那座安静的城市，而拥着它的黄海，一定与她想象的一模一样：温暖，而又神秘。

感情的天使不死，爱就不会泯灭

美好的爱情大抵如此，总会有无数次的转身，只要感情的天使不死，他们的爱就不会泯灭。

那是一个冷僻的文学论坛，去的人不多。

她总是午夜过去，看些文章，然后回几个帖。偶尔的，她也会发一些随笔上去，文字淡淡的，却很清秀。

他总跟她的帖，有时会写一些大学时的趣事。没想到，他们竟是校友。

在大学时，不同年级、不同系，虽在一个校园读书，甚至在不经意中碰过面，彼此却不曾相识。谁会知道，毕业分开了，反而聚到一起。

她也为这个意外且惊且喜。要了他 QQ，遂开始了漫长的聊天。

那个撮合他们的论坛很少去了，夜夜在 QQ 上聊天，开始喜欢对方。

见面的那天，她白衣长发，在嘈杂的人群中静美出尘，他也是俊朗健谈，彼此一见倾心。

去看了电影，在电影院里牵了手。

出来时，月亮已高悬天际。

她说：真想一辈子都这么好，永远不吵架，这样一直一直往前走，永不转身。

他将她的手握得更紧了一些，然后说：傻丫头，会转身的，不信你试试，如果没有了转身，肯定两个人就该再见了。

她不明白，也没有再问，却不信。

他们开始热恋，每天都会打无数个电话，晚上还要腻在一起。一个出差外地了，另一个必然会相思成灾。

这么好着，有一天，两个人还是为一件小事吵起来。之后，他们三天没见，却谁都不肯先拨个电话。她每天晚上都哭，以为他们真的完了。

第四天晚上，她打开 QQ，看见他的留言。他说："丫头，我们和好吧。有人说，两个相爱的人之间发生了矛盾，第一个转身的人就是他们感情的天使。这次，让我来当一次天使吧。"

以后，他们一直非常好。当然，还会吵架，只是吵完了，总有一个人会转身，转身之后，他们的感情会比原先还要好。

美好的爱情大抵如此，总会有无数次的转身，只要感情的天使不死，他们的爱就不会泯灭。

窗外的每个星斗，都是为了爱而点亮

只因为心中有真爱，所有的智慧、勇气和运气都垂青于他，任何难题都自觉地给他让路。

夜深了还没有睡，因为这期"开心辞典"着实让人感动、让人感慨。

这是一档充满智慧、勇气的节目，能闯关的勇士不仅需要实力、定力，也需要运气。第一位选手艰难地答过两道题，被第三题卡下。第二位只答对一道题，遗憾地离开现场。

主持人为了调解气氛，故意望着房顶，连说今晚怎么了，好像有怪圈笼罩在演播室呢。第三位选手上场时，大家对他的期望并不高，也就两三道题的水平吧？他是位年轻的大学生，稍带着点腼腆，唯独特别的，是他执意不肯宣告其梦想："过不了关，说出来有什么用？"

三道题都顺利过关，让场内气氛高涨。这位幸运的男孩一路畅通，每次都准确、果断地说出答案，完全不是凭什么感觉。是智慧开启了他的幸运之门。

　　王小丫开始兴致盎然地询问选手的梦想，可大学生就是不说，执拗得很。答题过程中他越来越自信，什么图形题、偏题观众看得一头雾水，他都轻而易举地解决。最后是道数字推理题，读起来就很复杂，还有时间限制。大学生却丝毫不乱，镇定地思索了一会儿，说出了一个答案。王小丫望着他笑："我先不告诉你结果，希望你先说出你的梦想，万一你答错了，梦想就成秘密了。"他却一脸笃定，微笑着说："我知道我的答案是正确的。"

　　果然，大学生赢了。彩带挥舞，他的眼睛也闪耀着光辉，不仅仅来自成功的喜悦，还另有一种甜蜜的期待。他慢条斯理地说："我要打一个电话，梦想就是送给那位同学的。"

　　会不会是女孩啊？聪明的王小丫要求此时免提。全场侧耳倾听。

　　果然就是啊！当一个青春脆亮的声音传过来，大家都屏住了呼吸。大学生也有些激动，脸上浮现温柔的笑容："听得出我吗？我在'开心辞典'答题，全部答对了。"那边有惊喜的祝贺。男孩继续说："你不是说过，很想去西藏旅行吗？我帮你把梦想实现了。"女孩一时都有些语无伦次了，显然事先不知道他的"预谋"，但语气里也透着由衷的欢喜。

　　现场座无虚席，何况电视机前观众如云，大学生仿佛都视而不见，不假考虑，只是温柔地、慎重地拿着话筒，犹如心爱的女孩就站在面前，声音带着心跳，每一个字都成了一个美妙音符："我还想告诉你，在我的心里，你的快乐就是我最大的梦想……"

　　全场掌声潮水般涌起。女孩被这猝不及防的幸福所震撼了吗？大学生能听见另一端的回音吗？他是一直暗恋不曾表白吗？她也同样爱他吗？答案已经不重要了。重要的是在情感日益贬值的今天，这位大学生当着全国观众的面，勇敢地、慎重地表白了自己的爱。聪明如他，怎不能预见各种后果？可是他仍然以这种特殊方式示爱。

如果不是爱得纯粹、爱得深厚、爱得无私，谁又会以此念来参加比赛？也许女孩根本不接受西藏之旅的馈赠，也许两人从此浪漫牵手。不管爱的结果如何，对于这个男孩来说，这个纯净的夜晚永远值得珍藏。

爱的本质是敏感的，需要心底的勇气。可惜，这种勇气已经在现代逐渐丧失，很多人的心灵脆弱得根本承受不起有分量的爱，苍白到根本不相信爱的存在。蜻蜓点水一掠而过，或者将爱当成速食快餐，草率地爱也草率地分手，眼泪来不及流出就已另寻新欢……所以我一直记得那个男孩慎重的表情、纯洁的眼神，那是真正无污染的青春生长出的爱之花朵。

你的快乐就是我最大的梦想。只因为心中有真爱，所有的智慧、勇气和运气都垂青于他，任何难题都自觉地给他让路。我宁愿如此解释让爱一枝独秀的那个夜晚，相信窗外的每个星斗，都是为了爱而点亮。

朋友，别只有希望，要有决心

他着重地对我说了一句话，正是这句话改变了我的人生。他告诉我说："朋友，别只有希望……要有决心！"

那天，当我在俄勒冈州波特兰机场等待接一个朋友的时候，我获得了一种足以改变生命的经历。它发生在距离我只有两英尺远的地方，是我蹑手蹑脚地靠近别人偷听来的。

飞机降落以后，我立即睁大了眼睛，努力地从走下飞机行旅客桥的旅客中寻找着我的朋友。然后我注意到一个提着两个轻便袋子的男人正迎面向我走了过来，然后在我身旁迎接他的家人面前停了下来。

他一边放下手中的袋子，一边先向他最小的儿子（可能有 6 岁）打了个手势，示意他过来。小男孩扑进爸爸的怀里，两人紧紧地拥抱在一起，那是怎样的一个长长的、动人的、深情的拥抱啊！松开后，两人还互相凝视着。这时，我听到这位父亲说："见到你真是太好了，儿子，我是多么想念你啊！"他的儿子有些羞涩地笑着，目光转向一边，轻轻地答道："我也是，爸爸！"

然后，这个男人站起来，凝视着他的大儿子（大概有 9 岁），并且把儿子的脸捧在手上，说："你完全是一个小伙子啦，扎克，我非常爱你！"他们也深情地、温柔地拥抱着。他的大儿子没有说一句话——一切尽在不言中了。

看着眼前发生的一切，一个小女孩（可能是 1 岁多一些）也开始在她母亲温暖的怀抱里兴奋地蠕动着，她那小小的眼眸片刻也没有离开过刚刚返家的父亲所带来的那美妙、动人的情景。此刻，这个男人深情地看着他的小女儿，一边招呼道："嗨，小女孩！"一边把她从母亲的怀中轻轻地接过来。他飞快地吻遍了她的小脸，并且把她紧紧地贴近自己的胸膛，身体也左右摇摆着、晃动着。小女孩立即松懈下来，静静地把头靠在他的肩膀上，那样子显得非常的惬意和满足。

良久，他把女儿交给他的大儿子抱着，并且郑重地说道："我要把最好的留在最后！"说完，他张开双臂，紧紧地拥抱着他的妻子，并且给了她一个我记忆中从未见过的最长、最热烈、最温柔的吻。然后，他深情地凝视着她，几秒钟之后，他静静地说："我非常爱你！"就这样，他们互相深情地凝视着对方的眼睛，手拉着手，幸福地微笑着。

看着他们那亲热、幸福的样子，我觉得他们可能是刚成家的新婚夫妻，但是，这显然是不可能的。我感到迷惑不解，然后，我突然意识到自己已经完全被这美好情景吸引住了，因而我感到有些不自在，好像自己是一个未经允许就闯入他们这神圣私密空间的侵略者，然而更加让人吃惊的是，我竟然听到自己那紧张得有些失真的声音在问道："哇！你俩结婚多长时间了？"

"哦，我们在一起生活已经十四年啦，结婚也有十二年啦。"他答道，眼睛仍旧深情地凝视着妻子那美丽的脸庞。

"那么，你离开家有多久啦？"我继续问道。

终于，这个男人转过身，脸上仍旧洋溢着快乐的微笑。他看着我，说："整整两天。"

两天？我不禁大吃一惊！从他们这样热烈、深情的问候来看，我几乎已经确信他离开家即使没有几个月，至少也有几个星期了。他们让我羡慕万分，我说："我希望我的婚姻也能像你们一样，在十二年后依旧充满热情！"

听我这么一说，这个男人脸上的笑容立刻消失了，他直勾勾地注视着我，一直深入到我的灵魂深处，然后，他郑重地对我说了一句话，正是这句话改变了我的人生。他告诉我说："朋友，别只有希望……要有决心！"说完，他的脸上又洋溢起了灿烂的笑容，他伸出手和我轻轻一握，真诚地说："愿上帝保佑你！"然后，他和他的家人一起转过身，精神饱满地迈步而去。

我默默地目送着这个特别的男人和这个特别的家庭远去，直到看不到他们的身影。这时，我的朋友来到了我的身边，疑惑地问道："你在看什么？"

我没有回头，目光仍旧眺望着远方，但是，我却以一种不寻常的、坚定的信念毫不犹豫地答道："我的未来！"

傻瓜，别哭了，我会永远陪着你的

流星划过夜空的时候，有泪滴落到千年石上，泪水溅湿了雨纯的心，加强了心脏跳动时的声响。

天蓝蓝，石也淡。

微风轻拂着雨纯的脸，丝发飞上脸颊，游走在她迷乱的双眼间，她用右手轻轻拨开那几根淘气的发丝，呆呆地看着躺在她左手上的一个小石子。

雨纯身旁静静地立着一个男孩，清秀的脸庞中带着几分英气，他正看着马路上的车来车往，目光中闪着几分焦急，一会儿，他低头对坐在他旁边的雨纯说："雨纯，这个石头真能告诉你谁能和你相伴一生吗？"雨纯抬起头说："奶奶说它是千年石，现在已经999年了，明年它就会告诉拿着它的人，能和他相伴一生的人是谁！你信吗，枫明？"男孩很认真地说："我信！"然后若有所思地抬起头，向着黑夜张望。

雨纯是个漂亮的女孩，她自从得到那块千年石，就整天盼望着明年的到来，然而枫明知道，雨纯活不到明年，其实雨纯自己也知道，患先天性心脏瓣膜关闭不严的她，能活到十七岁已经是奇迹了。但是她不甘心，她是多么希望自己能知道那个可以相伴一生的人是谁，她是多么向往花季的十八岁，可这一切都离她太远。

雨纯哭过，伤心地哭过无数次，而每一次哭她都是伏在枫明的肩膀上，她也不知道为什么，每次一见到枫明，她就会变得懦弱起来，就再也抵制不住自己的伤心，而这一切对枫明来说是值得高兴的事，因为每次雨纯哭过以后，枫明总会笑着用手拭去雨纯的眼泪，用最温暖的话语安慰雨纯受伤的心，那一句："傻瓜，别哭了，我会永远陪着你的！"总会使雨纯破涕为笑。

当枫明听说雨纯住院的时候，他的头嗡的一下，然后向医院的方向跑去。他知道这一天早晚会来，但当这一天真的到来的时候，他却不知所措了，他疯了般地跑着，眼泪在眼窝里打着转。

枫明来到医院的时候，见到了雨纯，她正在输氧，脸色惨白，心电图的曲线微弱地波动着，证明着她生命的存在。枫明哭了，他看见雨纯的手里还紧紧地握着那颗千年石。

后来三个月，雨纯成功地做了心脏移植手术，出院了，她又见到了蓝蓝的天。

雨纯庆幸着自己的好运，感谢老天让那个意外死亡的人愿意把心脏那么及时地捐赠给她。她期盼着明天的到来，因为明天，千年石将告诉她那个可以伴随她一生的人是谁，她开心极了。她要把这份期待已久的快乐和枫明一起分享，作为枫明在她住院的时间里每天都送她 100 颗纸星星的报答。

雨纯到枫明家的时候已经是傍晚了，这是她第二次来到枫明的家里，她有点紧张，当她走进屋子里的时候，她有些放心了，因为枫明的父母依旧不在家里，只有几个七八岁大的孩子在编着纸星星。

孩子们见了雨纯，都好奇地看着她，雨纯问他们："枫明在家吗？你们是他什么人啊？"一个孩子说："我们和枫明哥哥都是爱心孤儿院的孩子，枫明哥哥几个月前说他要去很远的地方办事，他说，如果我们每天编一百颗纸星星送给医院的 135 号病床的病人，等满一万颗的时候，他就会回来！"孩子边说边把最后一颗纸星星放进一个装满纸星星的小瓶子里，是雨纯每天收到的那种，他接着高兴地说："这是最后一百颗了，我们去送了，枫明哥哥就要回来喽！"

孩子们跑远的时候，雨纯突然明白了什么，她终于明白了枫明的那颗心，也懂得了枫明为她拭泪时难过的笑，同时，她也深深地知道，她已经无须千年石。

当雨纯再次来到病发前与枫明相见的地方时，夜已深，依旧车来车往。流星划过夜空的时候，有泪滴落到千年石上，泪水溅湿了雨纯的心，加强了心脏跳动时的声响。

在雨纯伤心落泪的地方，在千年将至的前一个晚上，谁还会为她拭去泪水轻轻地说："傻瓜，别哭了……"

我爱你，这句话在她心头搁了几年

"我爱你！"这句话在她心头搁了几年，只是她一直都没有说出口。

五年前他们上高三的时候就认识了，后来他们考上同一所大学，大学四年后他要去日本留学。他买了生平第一枚戒指，一枚只要八元的戒指戴在她的手上。虽然只要八元，但那一刻她还是感觉神圣无比。

临别时，他对她说，明年春节他回来看她，如果愿意见他，2 月 14 日那天，在学院路的那棵法国梧桐树下等他。他说别丢了那枚戒指，不见不散。

秋天的时候，她失去了他送的那枚戒指。

她答应过他会一直戴着它的。她是个追求完美的人，第二年的2月14日，她失约了。一生中最重要的约会，她却没有勇气去赴约，但她忍不住，让好友去看他。好友回来说，看见一位穿风衣的男孩站在树下等她，手里拿着一枝红玫瑰。

第二个情人节，她仍然没去赴约。她想第一个情人节她没有赴约，他肯定不会再来了。她就想一个人出去走走。于是她就漫无目的地走在大街上。傍晚的时候，她竟然不知不觉地走到了学院路，远远地看到那棵法国梧桐树下，斜斜地站着一位男孩，她的心狂跳起来，是他。这回她没有躲避，她朝他走过去，站在了他的身边。他把手里的红玫瑰递到她的面前，他说："我知道今年一定会等到你的！"

她问："如果我不来呢？"他微笑着回答："那么我明年再来。"

他们就那样站着聊天，一共聊了几个小时，这其中他好几次递玫瑰给她，但她始终没有接过他的玫瑰。

最后她转身离开时听到他在背后问："那只戒指，你，还留着吗？""对不起，我把它弄丢了。"她头也不回地走了。她不敢看他的表情，她怕自己会流泪。

过了几年，她得知他结婚的消息，那一晚，她一个人在学院路走了整整一晚。她哭了无数次。

"我爱你！"这句话在她心头搁了几年，只是她一直没有说出口。那年秋天，在那台实习的机床上，她失去的不仅仅是一枚戒指，还有她的整只左手。

爱一个人，不能阻碍他自由飞翔

天使微笑着说："我感觉到，你还是爱我的，对吗？只要你还爱着我，我就一直爱着你，直到你不再爱我的时候。"

从前，一位天使路过山涧的时候，遇到一位女孩。他们相爱了，就在山上建造了爱的小屋。

天使每天都要飞来飞去，但他真的很爱这位女孩，得空的时候就来陪伴她。

一天，天使带着心爱的女孩，在山间散步。忽然，他说："如果有一天，你不再爱我了，我会离开你。因为没有爱的日子，我活不下去。那时候，我就会飞到另一个女孩的身边。"

女孩看了天使一会儿，坚定地说："我会永远爱你！"

他们的日子过得挺幸福的。但是，每当女孩想起天使的那句话的时候，就会开始烦躁不安。她总觉得天使说不定哪一天就会离开她，飞到另一个女孩的身边了。于是，一天晚上，女孩趁着天使熟睡的时候，把天使的翅膀藏了起来。天亮以后，天使生气地说："把我的翅膀还给我！为什么要这样？你不爱我了，你不爱我了……"

"我没有，我还是爱你的！我没有藏你的翅膀，真的，相信我好吗？"

"你骗人，你说谎，我不相信你了，我感觉你不爱我了！"

当他从柜子里找出翅膀后，就头也不回地飞走了。

女孩很难过，也很怀念那段美好的生活。她后悔了，就独自坐到山头的风口上，默默地忏悔："纵然我爱你爱得发狂，也不能剥夺你自由飞翔的权利，是吗？我应该给你足够的自由，让彼此有喘息的空间。我现在真的懂了，你还能回来吗？……"

忽然间，天使出现了。他温柔地说："我回来了，亲爱的！"

"你真的不走了，真的还爱着我？"

天使微笑着说："我感觉到，你还是爱我的，对吗？只要你还爱着我，我就一直爱着你，直到你不再爱我的时候。"

生活中有些人，就像那个女孩一样，用爱当作借口，约束着对方。这样的爱情不但苦了自己，也苦了对方。时刻都不要忘了：爱情只能拥有，不可占有。不管你多么爱一个人，也不能阻碍他自由飞翔的权利。

IN THE FUTURE, YOU WILL THANK YOURSELF
FOR WORKING HARD NOW

第七章 ▷

即使遍体鳞伤，也要活出
一份岁月静好

一直热爱生活中的点点滴滴，在安安静静中品读岁月的诗意，快快乐乐地生活在自由的小天地里，春赏百花，秋赏皓月，生命的精彩与灰暗，对我们来说，都是人生中翻过的日历，品尝了痛苦，才懂得欢乐，经历了失去，才学会了珍惜。

　　光阴辗转，花开花谢，那些令人感动的人和事，都将在生命的旅程上留下庄重的一幕。多年以后，也许一切都不复存在，我坚信那些曾经刻写在生命中的美好过往，终将停留在永恒的生命里，成为无法抹去的记忆。

在他的字典里，没有"失败"两个字

在决赛的前三天，长跑队的名次确定下来了，琼尼是第六名，他成功了。他才是个七年级学生，而其余的人都是八年级学生。我们从没有告诉他不要去期望入选，我们从没有对他说不会成功。

我的儿子琼尼降生时，他的双脚向上弯曲着，脚底靠在肚子上。我是第一次做妈妈，觉得这看起来很别扭，但并不知道这将意味着小琼尼先天双足畸形。医生向我们保证说经过治疗，小琼尼可以像常人一样走路，但像常人一样跑步的可能性则微乎其微。琼尼3岁之前一直在接受治疗，和支架、石膏模子打交道。经过按摩、推拿和锻炼，他的腿果然渐渐康复。七八岁的时候，他走路的样子已让人看不出他的腿有过毛病。

要是走得远一些，比如去游乐园或去参观植物园，小琼尼则会抱怨双腿疲累酸疼。

这时候我们会停下来休息一会，来点苏打汁或蛋卷冰淇淋，聊聊看到的和要去看的。

我们并没告诉他他的腿为什么细弱酸痛；我们也没告诉他这是因为先天畸形。因为我们不对他说，所以他不知道。

邻居的小孩子们做游戏的时候总是跑过来跑过去的，毫无疑问，小琼尼看到他们玩就会马上加进去跑啊闹的。我们从不告诉他不能像别的孩子那样跑，我们也从不说他和别的孩子不一样。因为我们不对他说，所以他不知道。

七年级的时候，琼尼决定参加跑步横穿全美的比赛，他每天和大伙一块儿训练。

也许是意识到自己先天不如别人，他训练得比任何人都刻苦。他虽然跑得很努力，可是总落在队伍后面，但我们并没有告诉他为什么，我们没有对他说不要期望成功。

训练队的前七名选手可以参加最后的比赛，为学校拿分。我们没有告诉琼尼也许会落空，所以他不知道。

他坚持每天跑 4～5 英里。我永远不会忘记有一次，他发着高烧，但仍坚持训练。我一整天都在为他担心，我盼着学校会打来电话让我去接他回家，但没有人给我打电话。

放学后我来到训练场，心想我来的话，琼尼兴许就不参加晚上的训练了。但我发现他正一个人沿着长长的林荫道跑步。我在他身旁停下车，之后慢慢地驾着车跟在他身后，我问他感觉怎么样。"很好。"他说。还剩下最后两英里，他满脸是汗，眼睛因为发烧失去了光彩。然而他目不斜视，坚持着跑下来，我们从没有告诉他不能发着高烧去跑 4 英里的路，我们从没有这样对他说，所以他不知道。

两个星期后，在决赛的前三天，长跑队的名次确定下来了，琼尼是第六名，他成功了。他才是个七年级学生，而其余的人都是八年级学生。我们从没有告诉他不要去期望入选，我们从没有对他说不会成功。是的，从没说起过……所以他不知道，但他却做到了！

他用那颗赤诚的心，去影响了别人

　　每人心中都应有两盏灯光，一盏是希望的灯光，一盏是勇气的灯光，有了这两盏灯光，我们就不怕海上的黑暗和风涛的险恶了。

　　一位满头银发的老人正同家人一起在这个北方最著名的温泉城市旅行，这时听说有一位叫杰克的父母双亡的十六岁男孩投海自杀，被警察救起。由于他母亲和另外一个男人发生了一段风花雪月的故事，所以很多人肆意辱骂他，骂他是个杂种。从那以后，他变得愤世嫉俗。老人到警察局要求和青年见面，警察知道老人的来意后，同意她和青年谈谈。

　　"孩子，"她说话时，杰克扭过头去，像块石头，全然不理。老人用安详而柔和的语调说下去："孩子，你可知道你生来就是要为这个世界做些除了你以外没人能办到的事的？"

　　她反复说了好几遍，少年突然回过头来，说道："你说的是像我这样一个出生于农村，连父母都没有的孩子？"老人不慌不忙地回答："对！正因为你出生于农村，正因为你没有父母，所以，你能做些了不起的事。"少年冷笑道："哼，当然啦！你想我会相信这一套？一个什么都不是，什么都不会的废物能干什么呢？"

　　"跟我来，我让你自己瞧。"她说。

　　老人把他带回自己家，叫他在后面的菜园里打杂。虽然生活清苦，她对少年却呵护备至。生活在这样温暖的家中，处身在草木苍郁的环境，杰克慢慢变得心平气和起来了。老人给了他一些生长迅速的萝卜种，15 天后萝卜发芽生叶，杰克得意地吹着口哨，他又用竹子自制了一支笛子，吹奏自娱，老人听了称赞道："除了你，没有人为我吹过笛子，杰克，真好听！"

少年似乎渐渐有了生气，老人便把他送到高中念书。在求学的那三年里，他继续在菜园内种菜，同时家里那些粗重的活几乎都被他包了。高中毕业，杰克白天在地下铁道工地做工，晚上在夜大深造。毕业后，在一所中学任教，他对那些即将参加升学考试的学生关怀备至，不仅仅是因为他们将面临人生的第一个转折点，更重要的是他要用自己那颗赤诚的心去影响他的学生。

"现在，我已相信，真有别人不能，只有我才能做的事情了。"杰克对老人说。

"你瞧，对吧？"老人说："你如果不是乡下人，如果不是孤儿，也许就不能领悟孩子的苦处。只有真正了解别人痛苦的人，才能尽心为别人做美妙的事。你十六岁时，最需要的就是有人爱惜你，没有人爱惜，所以那时想死，是吧？你大声呐喊，说你要的根本不可能得到，根本就不存在——可是后来，你自己却有了现在这份事业，更难能可贵的是有了一颗难得的爱心。"

杰克心悦诚服地点点头。

老人意犹未尽，继续侃侃而谈："尽量爱护自己的快乐，等到你从他们脸上看到感激的光辉，那时候，甚至像我们这样行将就木的人，也会感到活下去的意义。"

沉着冷静，临危不惧

人生是一艘远航的帆船，随时随地都可能遇到各种暗礁险滩、狂风恶浪，而危难就是隐藏在深海中的礁石、裹挟在暴风中的浪潮，常常会从天而降，令人惊慌不已。

一个十三岁的男孩放学后奔跑着回家，一不小心摔了一跤，当时只是擦破了点皮，连疼痛的感觉都没有。可到了晚上，那膝盖突然疼了起来。他毫不理会这点疼痛，默默地忍受着，没有告诉任何人。第二天早晨，他的腿已经疼得非常厉害，但他仍默默无语，照例按时起床，吃完早饭，喂好牲口，然后若无其事地去上学。

第三天早晨，他的腿疼得连走路都十分困难，更无法去牲口棚喂牲口了。他的母亲发现了，看到他那条肿胀得不能脱下靴子和袜子的腿，伤心地哭了："你怎么不早说呢？"母亲一边用刀把靴子和袜子从他的脚上割下来，一边哭喊着："快去叫医生来！"医生看了那条腿，连连摇头："太晚了，只能锯掉这条腿了。""不！"男孩大叫起来，"我不让你锯，除非我死！"

医生无奈地离开了房间。男孩忍着剧痛，对他的哥哥说："如果我神志不清的话，千万不要让他们锯掉我的腿。你要发誓，发誓！"哥哥答应了他的要求，在他身旁守了两天两夜。他的体温越来越高，并开始胡言乱语，但他还是没有任何退让的迹象，嘴里咬着叉子，不让自己疼得叫出声来。全家人都守在他身边，含着眼泪看着他痛苦而顽强地挣扎着。

医生一次次过来，又一次次回去。最后，出于一种无助而无奈的气愤，医生大喝一声："你们都在看他死！"可是，奇迹偏偏在不久后发生了。当医生又一次过来时，他看到一个惊人的变化：那条腿的肿胀消退下去了。三个星期后，男孩终于战胜了腿残和死亡的厄运，奇迹般地站了起来。这位十三岁就学会临危不惧、勇敢面对生活的男孩，就是以后成为美国总统的德怀特·艾森豪威尔！

艾森豪威尔以自己的勇敢和意志挺住了危难，战胜了病魔的侵袭和死神的威胁。也许，正是这种坚毅不屈的性格，使他在以后的人生道路上始终笑对各种艰难困苦，并最终获得了最高权力，成为美国历史上政绩显赫、颇受民众喜爱的总统。

人生是一次艰难的跋涉，随时随地都可能面临各种悬崖峭壁、深谷险壑，而危难正像横亘在漫漫路途上的绝壁、埋藏于人生天地里的深渊，往往会和你不期而遇，让人措手不及。

面对危难，是像艾森豪威尔那样坚毅不屈、奋起抗争，还是像怯懦者一样魂飞魄散、束手待毙，不仅反映出一个人的性格、意志和人生态度，而且关系到一个人的前途、命运和人生结局。钢铁意志热血铸就，危难之处显身手——这才是可敬可赞的勇者风范。

其实，危难恰似一头咆哮而至的猛兽、一个翻卷而来的狂潮，当它突然出现在你面前的时候，只要你沉着冷静、临危不惧，勇于顶住它头几个回合的扑腾，能够挡住它第一个浪头的冲击，它就犹如一只被猛力挤破的气球，顿然内气泄漏、干瘪无力。这时，胜利之神就会翩然而至，与你相拥而欢。而挺过危难所获得的胜利，将使你终身受益！

生命是用来创造的，过去是这样，未来也是这样

随着太阳的升腾，天天都能见到的再平常不过的景象，却令她的内心受到了强烈的震撼。那一缕缕的曙光不但驱散了她心头的乌云，还把她的内心照得雪亮。

在美国，有一对相濡以沫、感情笃深的老年夫妻。几十年的风霜雪雨，使得两人如同参天大树与依树而居的青藤，彼此之间不能割舍，即使是须臾的分离都会令彼此牵肠挂肚，痛苦万分。

一天，病重的丈夫拉着年迈的妻子的手恋恋不舍地说："亲爱的，我不行了，恐怕再也不能和你一起互相搀扶着去看明天的太阳了。"

"不！请不要这样说。你要知道，我是多么爱你，我们会永远搀扶着走下去的。"妻子抚摸着丈夫的一头银发，满眼都是无尽的爱怜。

"是的，是的，我最大的心愿就是每天都能和你在一起，一起看看太阳、一起散散步、一起唠叨唠叨。可……可是，我总觉得自己像盏即将耗尽油的灯，很快就要熄灭了。"

妻子泪流满面，双手紧紧地抓住丈夫，生怕手一松，就永远地失去了他。

"最后，我请求你，求你答应我一件事情。"

"你说吧，无论什么事情，我都答应你。"

"那就是要照顾好自己，好好地活下去，快乐地活下去。"

妻子含泪点头，就这样，她目送自己的丈夫永远地走了。

丈夫走了，仿佛天塌下来一般，妻子万念俱灰，在苦苦的寂寞

中终日以泪洗面。她想一死了之，去追随那个离开不久的他，但她的耳畔却回响着丈夫临终前的最后请求："好好照顾自己……快乐地活下去。"

那么，怎样才能实现对丈夫的承诺呢？

有一天早晨，她站在院外发呆，这时，一轮红彤彤的太阳冉冉地升起，鲜活、硕大、明亮、崭新得如同一个新生的婴儿，四周的景物都被镀上了一层耀眼的金色。啊，那是一幅多么美好的画卷！

随着太阳的升腾，天天都能见到的再平常不过的景象，却令她的内心受到了强烈的震撼。那一缕缕曙光不但驱散了她心头的乌云，还把她的内心照得雪亮。

"是的，我要好好地活下去，要快乐地活下去，来报答人世间一切美好的事物。"

她买来画笔画纸，从零开始，她要把一切美好的东西凝于笔端，让面前的画纸呈现出五颜六色、瑰丽多姿的景物，让自己的生命之火重新燃烧起来。

凭着坚强的毅力、良好的心态、不屈的拼搏，她终于取得了巨大的成功。从 70 多岁开始，到她逝世，她为世人创作了 1600 多幅作品，成了美国非常有名的画家！

她就是令许多人惊叹的摩西婆婆！

后来，她在自传中写道："我很快乐，也很满足。我不知道一生中有没有比这段时间更美好的，我用我的生命去完成我的所能。生命是用来创造的，过去是这样，未来也是这样。"

恕，是宽容的至高境界

宽容是一种修养，是一种境界，是一种美德。生活需要宽容，就像人生需要明媚灿烂的阳光。

有这样一个故事：

一个夜晚，在美国东海岸的一个城市里，有位韩国学生，走出公寓去寄一封信。路上，被十一个不良少年围攻，拳打脚踢揍了一顿。

不幸的是在救护车来到之前，他就断了气，两天之内，这十一个人一一被逮捕。社会大众都要求严惩他们，媒体也呼吁采取最严厉的惩罚。

后来，这位死者的家长寄来一封信，要求尽可能减轻对这些少年的责罚，并捐献一笔基金，作为这一群孩子出狱重新生活及社会辅导的费用。

他不愿仇恨这些少年，他只希望这些少年从残暴、粗鲁、野蛮和病态的虐待性格中获得新生。

在意大利也曾发生过类似的事。

1994 年 9 月的一天，在意大利境内的一条高速公路上，一对美国夫妇带着七岁的儿子尼古拉斯·格林正驾车向一个旅游胜地进发。突然，一辆菲亚特轿车超过他们。车窗内伸出几支枪，一阵射击之后，他们的儿子中弹身亡。

这对夫妇本该痛恨这个国家，因为他们在这块土地上失去了爱子。可是，悲伤过后，他们做出了一个令人震惊的决定：把儿子的健康器官捐献给意大利人！

在意大利，即便是正常死亡的本国公民捐献器官的情况都很罕见，何况外国人。于是，一个十五岁的少年接受了尼古拉斯的心脏，一个十九岁的少女得到了他的肝，一个二十岁的女孩换上了他的胃，另两个孩子分别得到了他的两个肾。五个意大利人在这份生命的馈赠中得救了。

1994 年 10 月 4 日，意大利总统斯卡尔法罗将一枚金质奖章授予这对美国夫妇，表彰他们容纳百川的胸怀以及悲世怜人的情操，还有以德报怨的人生境界。

中年丧子是人生的一大悲剧，这两对夫妇没有把丧子这锥心之痛化为仇恨，反而用宽容之心拯救犯罪的少年，用关爱之心挽救别人的生命。他们企盼人间多一份平和、安宁和幸福。

他们的善举乃是宽容的至高境界，让世人敬佩。

重要的是，全心全意地尽力为之

成功者遇到困难，仍然保持积极的心态，用"我要！""我能！""一定有办法"等积极的意念鼓励自己，于是，摆脱了困境，踏上了成功的坦途。

罗吉·克劳福是一个被医生预言可能永远无法走路或照顾自己的人，后来却变成了第一个被美国职业网球协会认可为专业教练的残障网球选手。他的故事感动了很多人。

罗吉的父母第一次看到儿子时，儿子的右前臂直接突出一个像拇指的东西，左前臂则突出一只拇指和一根手指。他没有手掌，已萎缩的右脚只有三个脚趾，已干枯的左脚后来也被锯断了。

医生说罗吉得了一种新生儿无指症，这是一种很罕见的新生儿疾病，在美国出生的小孩，九万个当中才会有一个得这种病。医生说罗吉可能永远无法走路或照顾自己。

好在罗吉的父母不相信这位医生所说的话。罗吉的父母总是这样教导他："你残障的程度取决于你如何看待自己的残障。"他们从不允许罗吉为自己感到难过或因自己残障就去占别人便宜。

有一次，罗吉有了麻烦，因为他的作业一直迟交——罗吉必须用两只"手"抓住铅笔才能慢慢写字。他要求父亲写一张纸条给老师，请老师准许他晚两天再交作业。他父亲没有这样做，反而督促他早两天开始写作业。

罗吉的父亲一直都鼓励罗吉运动，他教罗吉如何打排球和橄榄球。

罗吉十二岁时，便在学校的橄榄球队占有一席之地。

每场比赛之前，罗吉都会在脑海中想象他得分的美梦，然后有一天他真的逮到机会了！球掉到他手臂上，他用假肢尽其所能地向得分线奔去，他的教练和队友都疯狂地欢呼。但敌队的一个球员在10码线上追上了罗吉，他紧紧抓住罗吉的左足踝，罗吉试着要抽出他的假肢，但没有成功，他的假肢被拔了下来！

罗吉还站着，不知道该怎么办，下意识地，他开始往得分线跳过去。裁判也跑过来，他的手在空中大力一挥，得分！拿着他的假肢的小球员脸上露出了惊愕的表情。

罗吉对运动的热爱与日俱增，自信心也渐增。但罗吉的决心也无法克服所有困难，在餐厅吃午饭就让罗吉觉得非常痛苦，因为其他的小孩看得到他吃饭的笨模样；打字课老是过不了，也带给罗吉同样的困扰。罗吉说："我从打字课学到了一个很好的教训，那就是你不可能每件事都会，最好的方式是，把注意力集中在你所能做的事上。"

罗吉能做的一件事便是旋转网球拍，美中不足的是，当他转拍子转得很快时，他无法紧紧地握好拍子，所以拍子常会掉下来。幸运的是，罗吉在一家运动用品店里意外地找到了一支看起来很古怪的球拍。当罗吉拿起这支球拍时，他的手指出乎他意料地能伸入这支有两个把手的球拍，这"天作之合"使得罗吉可以转动球拍、发球和接球，就像一个四肢健全的选手一般。

他每天都练习，不久之后就开始参加比赛，当然也屡尝败绩。

但罗吉坚持下去了，他一再地练习，一再地参加比赛。左手两只手指的手术使罗吉更能握好他这支特殊的球拍，使他比赛的成绩大大进步了！虽然没有前人可以指导他，但罗吉对网球却越发着迷，不久他就开始赢球了！

后来罗吉继续向大专杯进军，终其网球生涯，他获胜22次，输了11次。他后来成为第一个被美国职业网球协会认可为专业教练的残障网球选手。

罗吉曾说："你们和我之间的唯一差别就是你们看得见我的残障，而我看不见你们的。我们每个人都有障碍，当人家问我是如何克服身体的残障时，我告诉他们我什么也没克服，我只是学会了我原先做不到的事，像弹钢琴或用筷子吃饭，但更重要的是，我学会了做力所能及的事，然后就全心全意地尽力为之。"

倾听灵魂深处的声音，不随波逐流

歌中没有耶稣，没有圣诞老人，有的只是风雪弥漫的冬夜、穿越寒风的雪橇上清脆的铃铛声，有一路的欢笑歌唱、不畏风雪的年轻朋友的美好心灵。

19 世纪，美国人约翰·皮尔彭特从耶鲁大学毕业后遵照祖父的愿望，选择教师作为自己的职业。他的生活看上去充满希望。

然而，命运似乎有意捉弄他，皮尔彭特对学生是爱心有余而严厉不足，很快就为当时保守的教育界所不容，很快结束了教师生涯。

但他并不在意，依然信心十足。不久他当了律师，准备为维护法律的公正而努力。但他似乎一点都不理解当时流行的"谁有钱就为谁服务"的原则。他会因为当事人是坏人而推掉找上门来的生意；如果是好人受到不公正待遇，他又不计报酬地为之奔忙。

这样一个人，律师界感到难以容忍，皮尔彭特只好离去，成了一位纺织品推销商。然而，他好像没有从过去的挫折中吸取教训，看不到竞争的残酷，在谈判中总让对手大获其利，而自己只有吃亏的分。于是，只好再改行当了牧师。然而，他又因为支持禁酒和反对奴隶制而得罪了教区信徒，被迫辞职。

1886 年，皮尔彭特去世了。在他 81 年的生涯中，似乎一事无成——除了一首大家熟悉的歌：

"冲破大风雪，我们坐在雪橇上，奔过田野，我们欢笑又歌唱，马儿铃声响叮当，令人精神多欢畅……"

这首现在已经成为西方圣诞节里不可缺少的歌——《铃儿响叮当》，它的作者正是皮尔彭特。这是他在一个圣诞前夜，作为礼物，为邻居的孩子们写的。歌中没有耶稣，没有圣诞老人，有的只是风雪弥漫的冬夜、穿越寒风的雪橇上清脆的铃铛声，有一路的欢笑歌唱、不畏风雪的年轻朋友的美好心灵。

皮尔彭特或许没有想到，他一生中偶一为之的作品居然产生如此巨大的影响。这与他个人的人生遭遇产生了强烈的反差，说明了什么呢？他没有随波逐流，使他在谋生的各个行当里都被品行不如他的人挤走了，但这并不说明他的理想和追求没有价值。今天，他的歌声凝固在人们的心灵深处，不正是有力的说明吗？

认准的事情，一定坚持到底

一日一钱，千日一千。绳锯木断，水滴石穿。

日本曾有一个叫铁眼的和尚，发誓要用募捐得来的钱为佛修一个金身。大家知道这件事后都好心地劝他放弃，因为这件事虽然功德无量，但是做起来却非常不容易。然而，铁眼和尚是一个不畏艰辛、不怕困难的人，没有什么事情可以阻止他的决心，只要是他认准的事情，他就一定会坚持到底。

在他募捐的第一天，他来到了最繁华的闹市区，想在这里向来往的行人乞讨。没过多久，他见到一位武士迎面走来，便上前施礼说道："贫僧发誓要为我佛重塑金身，希望施主能为我佛捐些善款。"

武士仿佛没有听见他的话，依然大摇大摆地向前走去。铁眼和尚见武士不理会自己，赶紧追上前去，小声地恳求道："只要心怀我佛，捐多少都能表示一片心意。"

　　武士见他居然追上来向自己讨钱，不由得心中厌烦起来，向他摆摆手，十分明确地拒绝道："不捐！"

　　铁眼和尚丝毫不在意他说的话，只是紧紧地跟在武士的身后。就这样一直跟出了十多里的路程。那个武士见这个和尚如此诚心，不由得产生了怜悯之心，便随手扔出了一文钱。铁眼和尚赶紧捡起了这珍贵的一文钱，并且毕恭毕敬地向武士表示感谢。

　　武士见和尚追了这么远，只拿到了一文钱，居然还对自己如此感激，很难理解。于是便收起了刚才那十分不友好的态度，不解地问："就这么一文钱也值得你这样感激我吗？"

　　铁眼和尚回答道："今天是我立誓要为我佛重塑金身而进行乞讨的第一天，如果连一文钱都没有化到，也许我的信心就会被动摇。现在幸亏有您的慷慨施舍，让我更加坚定了完成这个心愿的决心，所以我要好好谢谢您。"

　　铁眼和尚说完，又向他深深鞠了一躬，便按原路返回继续化缘。有了这一文钱的鼓励，他边走边自言自语道："一日一钱，千日一千。绳锯木断，水滴石穿。"

　　武士望着和尚的背影，听到他所说的这番话，不禁肃然起敬，心中大受感动。于是赶紧追上去把身上所有的钱都捐了出去，以表达自己的心意。

　　就这样斗转星移，冬去春来，铁眼和尚在经历了无数个风风雨雨的日子后，终于筹足了善款，实现了自己的愿望。

默默地开花，以花来证明自己的存在

不管别人怎么欣赏，满山的百合花都谨记着第一株百合的教导："我们要全心全意默默地开花，以花来证明自己的存在。"

在一个偏僻遥远的山谷里，有一个高达数千尺的断崖。不知道什么时候，断崖边上长出了一株小小的百合。百合刚刚诞生的时候，长得和杂草一模一样。但是，它心里知道自己并不是一株野草。在它的内心深处，有一个内在的纯洁的念头："我是一株百合，不是一株野草。唯一能证明我是百合的方法，就是开出美丽的花朵。"有了这个念头，百合努力地吸收水分和阳光，深深地扎根在崖边，直立地挺着胸膛。终于在一个春天的清晨，百合的顶部结出了第一个花苞。

百合心里很高兴，附近的杂草却很不屑，它们在私底下嘲笑着百合："这家伙明明是一株草，却偏偏说自己是一株花。它还真以为自己是一株花，我看它顶上结的不是花苞，而是头脑长瘤了。"公开场合，它们则讥讽百合："你不要做梦了，即使你真的会开花，在这荒郊野外，你的价值还不是跟我们一样？"

百合说："我要开花，是因为我知道自己有美丽的花；我要开花，是为了完成作为一株花的庄严使命；我要开花，是由于自己喜欢以花来证明自己的存在。不管有没有人欣赏，不管你们怎么看我，我都要开花！"

在野草们的鄙夷下，野百合努力地释放内心的能量。有一天，它终于开花了。它那灵性的洁白和秀挺的风姿，成为断崖上最美丽的颜色。这时候，野草们再也不敢嘲笑它了。

百合花一朵一朵地盛开着，花朵上每天都有晶莹的水珠，野草们以为那是昨夜的露水，只有百合自己知道，那是极深沉的欢喜所结的泪滴。年年春天，野百合努力地开花、结籽。它的种子随着风，落在山谷、草原和悬崖边上，到处都开满洁白的野百合。

几十年后，远在百里外的人，从城市，从乡村，千里迢迢赶来欣赏百合开花。许多孩童跪下来，闻嗅百合花的芬芳；许多情侣互相拥抱，许下了"百年好合"的誓言；无数的人看到这从未见过的美，感动得落泪，触动内心那纯净温柔的一角。

不管别人怎么欣赏，满山的百合花都谨记着第一株百合的教导："我们要全心全意默默地开花，以花来证明自己的存在。"

比金子还贵重的东西

感谢他让我们得到了比金子还要宝贵的东西，那就是我们的生命！"

在亚马孙的热带丛林里，有两个正在赶路的男人。这两个人瘦骨嶙峋，衣服破破烂烂，看得出来他们受了不少苦。两人手里抬了一个沉重的箱子，一步一步地往前艰难地走着。这两个人名叫艾莫斯和沙伦，他们起初是跟着他们的雇主阿尔伯特来丛林探险的，但是途中阿尔伯特得了重病，不幸去世了。这个大箱子是阿尔伯特交给他们的，临死前，他再三叮嘱艾莫斯和沙伦："你们一定要看好这个箱子，要把它全送到我的朋友罗宾手里。箱子里的东西虽然对你们没有什么用，但是对罗宾先生有很大的用处。如果你们两个人能把这个箱子安全送到，那么罗宾将会给你们比金子还要值钱的报酬。"

阿尔伯特去世后，艾莫斯和沙伦两个人抬着箱子继续上路了。丛林里荆棘密布，蔓草丛生，行路异常艰难，有时还会遇到野兽的袭击，因此，他们走得非常缓慢。不久，他们仅剩的一点儿食物也吃完了。由于箱子十分沉重，再加上没有食物来补充能量，他们走得越来越慢，可恶的箱子似乎也变得越来越沉了。后来，他们感到自己的胳膊都没有知觉了。偶尔，他们一想到不知道还要多久才能走出这可怕的丛林，心里就充满了绝望。有几次，他们甚至想把这个沉重的箱子扔掉，或是在短暂的休息后，再也不想站起来前行，但是只要一想到以后可以得到丰厚的报酬，他们就强打起精神来，小心翼翼地抬着箱子继续前行。

就这样，怀着对金钱的渴望，他们终于走出了丛林。找到了罗宾先生后，他们把箱子交给他，并让罗宾先生付给他们报酬。罗宾先生吃惊地说："我可没有说过要给报酬呀，而且我是个穷光蛋，也付不起什么报酬。或许，阿尔伯特在这箱子里放了什么值钱的东西吧。"于是，罗宾当着艾莫斯和沙伦的面打开了箱子。可眼前的情景却让三人大吃一惊：箱子里竟然装着满满一箱石头！失望之极的沙伦大声骂着阿尔伯特："这个刻薄鬼，他不但不给我们报酬，还骗我们抬着一箱子石头走了那么远的路程，差点儿没把我们累死！"然而，艾莫斯却一声不吭，他想起穿过丛林的时候，他们看到许多人的尸骨，当初如果不是这只箱子在鼓励着他们，他们可能也已经倒在丛林里了。一刹那，他明白了阿尔伯特的苦心。他对沙伦说道："你别怪阿尔伯特了，他说的没错，你想想，要不是对即将到手的财富满怀希望，我们可能早已饿死或者累死在丛林里了。其实我们都应该感谢他，感谢他让我们得到了比金子还要宝贵的东西，那就是我们的生命！"

不犹豫，不后悔

如果将人生一分为二，那么前半段的人生哲学是"不犹豫"，后半段的人生哲学是"不后悔"。

印度有一位著名的哲学家，他天生就具有一种文人气质，彬彬有礼，温文尔雅，令无数女子倾慕不已。尽管如此，他却一直没能找到他的意中人。因为他的思想实在太复杂，他考虑得实在太多，往往一件很简单的事情，经过他大脑的分析加工之后，会变成这个世界上最难以解决的问题。因此，他在碰到一件事情时，第一句话就是："让我好好想想！"久而久之，习惯成自然，他什么事情都要深思熟虑之后才做决定，他认为考虑得愈周到，就愈不会有什么纰漏。有一天，一个年轻貌美的女子来敲他的门，并真诚地对他说："我已经仰慕你很久了，让我做你的妻子吧，如果我们擦肩而过，你就再也找不到像我这样深爱你的人了。"

哲学家看着女子，心中不禁为她倾倒：这个女子实在是太漂亮了！而且他能明显感觉到这个女子对他的倾慕，但口中却习惯性地说："让我好好想想！"

女子失望地走了，哲学家便开始活动他的大脑，用他思考学问的方法，认真地将结婚和不结婚的好、坏分别列举出来，结果发现两方面均等，这真是让人难以做出选择。

就这样，无论他又找出了什么新的理由，都只是在增加选择的难度。于是，他陷入了无尽的苦恼之中，难以自拔。

冥思苦想之后，他终于得出了结论——人若在面临选择而无法取舍的时候，应该选择自己尚未经历过的那一个。"不结婚是什么样我很清楚，我现在这个样子就是了；但结婚会是什么样的情形，我简直一无所知，我应该去了解这样的生活。对！我应该答应那个女人的请求。"哲学家长出了一口气，这样艰难复杂的问题终于被他成功地解决了，他觉得自己实在是太聪明了。

于是，哲学家信心十足地来到女人的家中，他问女人的父亲："您的女儿呢？请您转告她，我考虑清楚了，我决定现在就娶她为妻！"

女人的父亲看了他一眼，冷冷地回答："你晚来了十年，我女儿早已嫁人，并且已有三个孩子了！"

哲学家听后犹如五雷轰顶，整个人几乎崩溃了。他万万没有想到，他引以为荣的哲学头脑分析出的道理，让他得到的竟是"悔恨"二字。他这才明白自己是多么愚蠢，亲手把自己心爱的女人手推给了别人。他一向引以自豪的睿智大脑毁掉了他毕生的幸福，他平生第一次感到他的哲学原来一无是处。

在这之后的两年里，哲学家一直在悔恨中度过，渐渐地抑郁成疾。临死前，他将自己所有的著作投入火中，只留下一段对人生的批注：如果将人生一分为二，那么前半段的人生哲学是"不犹豫"，后半段的人生哲学是"不后悔"。

承担责任，是每个人的必修课

如今，人们总是说自己没有能力描绘美好的生活。实际上，他们忽视了一个根本的事实——决定我们成功还是失败的关键并不在于任何外部条件，而在于我们是否有实现自己心中愿望的信心。

无疑，这种挑战就是如何创造并掌握自己的生活。一旦你明白自己是生活的创造者，那么你就可以按照自己的选择与希望来创造生活。在这里，你将会学到如何承担责任与发挥无限的潜能，它们会带你走进你想要的生活，并教会你如何主宰生活。

承担责任指的是要认可自己应承担的责任，并了解自己对周围环境所产生的影响和作用。这就意味着，你要对自己的行为负责，要完全承担由自己的行为所造成的一切后果。

学会承担责任，能够使你不断前进，创造更美好的未来。我知道一个叫玛丽的女子，她勇于向命运挑战的事迹一直让我备受鼓舞。玛丽出生在古巴，两岁时，举家搬迁到迈阿密。他们的生活极度贫困，所住的地方是迈阿密的危险地区，在那里，犯罪和毒品泛滥成灾。然而，玛丽在她八岁时就立志要干出一番事业，而不甘心只当个女佣或是当地超市的收银员。为此，她每天准时上学，从不旷课，有时甚至不得不从那些醉倒在家门口的酒鬼身上跨过去。

最终，玛丽离开了迈阿密，并获得了很好的教育，她的音乐天赋也得到发展。玛丽本可以向命运屈服、埋怨自己的父母或是当地的文化状况，也可以完全拒绝承担任何责任。然而，玛丽还是承担了自己的责任，并且创造了值得自己骄傲的生活。

承担责任是每一个成年人的必修课。如果你还没有学会承担责任，现在还不晚。记住，生活会为你提供许许多多的机会，让你学会承担责任。

还有一课便是发挥无限潜能，你必须学会这一点。无论你想成为什么样的人或是做什么样的事情，都没有明确的界限来限制你。如果你相信自己的进步是永无止境的，自己的发展潜力也是无穷无尽的，那么你就学会了这一课。

从来到人世的那天起，你就应该知道潜能是无限的。然而，随着你慢慢地成长，逐渐融入社会，你或许会怀疑有种种障碍在阻止你实现精神、情感和思想上既定的最高目标。其实，这些障碍只存在于你的心里。如果你能超越这些障碍，那么你就学会了发挥无限潜能这一课。

在我小时候，有一位老师（卡蓬夫人）深知这一课的重要性。她时时提醒我们：只要下定决心，我们就能做到任何事情——无论它们看起来是无法实现的，还是受到重重阻碍的。我真心希望世上每所学校都能有一位像卡蓬夫人一样的老师，这样，我们的孩子就能够懂得他们身上所拥有的非凡才能与力量，而且会努力实现自己心中的目标。

在这个世界上，人们一次又一次地证明了这样一个道理：世上无难事，只怕有心人。

她发掘了自己以前从不知道的真实自我

她的声音呈现崭新的、安详的尊严。并非她变成别人了，而是她发掘了自己以前从不知道的真实自我。

几年前，我的朋友，素，有一些相当严重的健康问题。她从小就体弱多病，而且仍然得承受出生时的缺陷：在她的心室里有一个洞。她的 5 个小孩出生时，都由痛苦的 C 阶段开始，后来也都有后遗症产生。她经历了一次又一次的手术，体重也增加了数磅。节食对她无效，她必须经常忍受无法诊断的不明疼痛。她的先生，丹尼斯，已学会了接受她的先天缺陷。他常希望她的健康情形可以得到改善，但是内心并不真正相信会有那么一天。

有一天他们坐下来举行家庭聚会，草拟了一份"愿望单"，写出他们生命中最想要的事情。素的愿望之一是能够参加马拉松比赛，由于她过去的背景以及生理上的限制，丹尼斯认为她的目标是完全不切实际的，但是素却变得认真起来了。

她开始在住宅附近区域缓慢地跑着，每天就只比前一天多跑一些——只多一个车道。

"什么时候我才能够跑足一英里呢？"有一天素问道。

很快地，她可以跑 3 英里，接着 5 英里，我让丹尼斯用他自己的话来说其余的故事好了：

我记得素告诉过我她已经学到了一些事："潜意识以及神经系统不能分辨什么是真实情况，而什么又是生动活泼的想象情况。"

如果我们让心中的想象，变得如水晶般明澈，我们会为了追求完美而改变自己，促使我们自己下意识地追求珍贵无比的愿望，而且，几乎完全成功。我知道素相信它——她已经报名参加犹他州南部圣乔治马拉松的比赛。

"心灵能相信一个导致自我毁灭的假象吗？"

当我驾车由塞达布经过山路到犹他州的圣乔治时，我问我自己上述问题。我将我们的厢型车停在终点线并等待素的到达。雨持续不断地下，风也彻骨的冷。马拉松赛 5 小时前就已开始，几个受伤发抖的运动员已从我身边被运走，我开始发慌。

想到素可能独自一个人发冷而倒在路旁某处，我就焦虑得快疯了。

强壮而又快速的竞争对手，早已跑完全程，运动员变得越来越稀少，现在我在任何一个方向都看不到人了。

几乎所有沿着马拉松路径走的车子都已离开，一些交通路段已经恢复进行。

我在比赛路径上驾车前进，开了快两英里，仍然看不到运动员。于是我回转，看到一小群人跑在前面。当我靠近时，我可以看见素以及其他三个人。他们一边跑，一边谈笑，他们在路的另一边。我停了车，隔着已经通畅的车流说："你还好吗？"

"啊！很好。"素说，只轻轻地喘着气，她的新朋友则对着我笑。

"只有几英里。"我说。

只有几英里？我想，我疯了吗？我注意到其他两个运动员正四肢无力地跑着，我可以听到他们的脚在湿热的运动鞋里啪嚓啪嚓地响着。我想对他们说他们跑得很好，我可以载他们一程，但是，我看到他们眼中的决心，我将厢型车掉头，远远跟着她们，注意她们之中有没有倒下来的。

他们已经跑了五个半小时了，我加速超越她们，并在离终点线一英里处等候。

当素进入视线时，我可以看到她开始挣扎。她的步伐慢了，脸部因痛苦而扭曲。

她恐惧地看着双脚，好像它们不愿再动了。然而，她继续前进，几乎蹒跚而行。

小团体几乎变得快要散开了，只有一位二十岁左右的女子靠近素。很显然的，她们是在比赛中结为朋友的。我被这样的场面吸引住，于是跟着她们跑。大约数百码后，我想试着对她们提供一些激励性与智慧性的伟大语录，但是我喘不过气，也说不出来。

终点线就在眼前，我庆幸它尚未完全拆掉，因为我觉得真正的胜利者才刚要跑进来。跑者之一，一位苗条的青少年，停止跑步，坐下并哭了起来。我看到一些人，或许是家人，将他扶到他们的车上。我可以看到素正处于烦闷焦躁中——但是她梦想这天已经两年了，她不会被拒绝。她知道她会成功，这个信念使她充满自信，甚至快乐地重整距终点线最后数百码的步伐。少数人到外围来恭喜素及马拉松运动员，她跑得很好看，她很有规律地休息后再起跑，在各个饮水点大量喝水，而且步伐控制得很好。

她已成为这个经验较少的小团体的领袖，她曾以充满自信的话激发、鼓励她们。

当我们在公园庆贺时，她们热情地赞扬她、拥抱她。

"她使我们相信我们做得到！"她的新朋友述说着。

"她生动地描述我会如何到达终点，所以，我知道我做得到。"

另一个说。

雨停了，我们在公园中边走边谈，我看着素。她让自己变得截然不同了，她的头抬得更高，肩膀挺得更直，她走路时，即使有点乏力，却焕发出新的自信。她的声音呈现崭新的、安详的尊严。并非她变成别人了，而是她发掘了自己以前从不知道的真实自我。画犹未干，但是我知道她是一件尚未被发掘的杰作。关于她自己，有着上百万的新事物留待学习。

她真的喜欢她新近发掘的自我，我也一样。